我国原生高碘地下水成因机理与风险预测

GENESIS AND RISK PREDICTION OF GEOGENIC HIGH IODINE GROUNDWATER IN CHINA

李俊霞　姜　舟　钱　坤　谢先军　著

图书在版编目(CIP)数据

我国原生高碘地下水成因机理与风险预测/李俊霞等著.—武汉:中国地质大学出版社,2023.12

ISBN 978-7-5625-5759-3

Ⅰ.①我… Ⅱ.①李… Ⅲ.①地下水-碘-成因-研究-中国 Ⅳ.①P641.11

中国国家版本馆CIP数据核字(2024)第023489号

我国原生高碘地下水成因机理与风险预测		李俊霞 姜 舟 钱 坤 谢先军 著
责任编辑:何 煦	选题策划:何 煦	责任校对:何澍语

出版发行:中国地质大学出版社(武汉市洪山区鲁磨路388号)　　邮政编码:430074
电　　话:(027)67883511　　传　　真:67883580　　E-mail:cbb@cug.edu.cn
经　　销:全国新华书店　　　　　　　　　　　　　　　　　　https://www.cugp.cug.edu.cn
开本:787毫米×1092毫米 1/16　　　　　　　　　　　字数:212千字　　印张:8.25
版次:2023年12月第1版　　　　　　　　　　　　　　印次:2023年12月第1次印刷
印刷:武汉市籍缘印刷厂
ISBN 978-7-5625-5759-3　　　　　　　　　　　　　　　　　　　　　　定价:88.00元

如有印装质量问题请与印刷厂联系调换

目　　录

第一章　绪论 ……………………………………………………………………… 1
　一、自然界中的碘 ………………………………………………………………… 2
　二、碘的赋存形态及转化机制 …………………………………………………… 4
　三、碘的迁移转化富集规律 ……………………………………………………… 6

第二章　大同盆地原生高碘地下水的空间分布 ………………………………… 8
　一、大同盆地 ……………………………………………………………………… 8
　二、样品采集及测试分析 ………………………………………………………… 12
　三、地下水碘的空间分布特征 …………………………………………………… 13
　四、沉积物碘的空间分布特征 …………………………………………………… 18
　五、本章小结 ……………………………………………………………………… 20

第三章　地下水系统中碘的赋存形态及主控因素 ……………………………… 21
　一、样品采集及测试分析 ………………………………………………………… 22
　二、地下水水环境特征 …………………………………………………………… 23
　三、本章小结 ……………………………………………………………………… 37

第四章　大同盆地灌溉活动对浅层碘富集的影响 ……………………………… 38
　一、样品采集与测试分析 ………………………………………………………… 39
　二、同位素及水化学对垂向入渗的指示 ………………………………………… 40
　三、垂向入渗对浅层地下水碘富集的影响 ……………………………………… 50
　四、本章小结 ……………………………………………………………………… 52

第五章 沉积物铁矿物相转化对碘迁移释放的影响 ········· 53
一、沉积物铁矿物相转化微宇宙实验 ························ 53
二、微宇宙实验结果 ······································ 56
三、讨论 ·· 61
四、本章小结 ·· 64

第六章 华北平原地下水碘的空间分布及主控过程 ··········· 65
一、华北平原概况 ······································· 65
二、样品采集、测试分析及室内微宇宙实验 ··················· 68
三、地下水系统碘的空间分布特征 ··························· 70
四、沉积物理化性质及碘的组成特征 ························· 73
五、影响地下水系统碘迁移转化的主控因素 ··················· 73
六、华北平原黏土孔隙水中碘富集的潜在机制 ················· 78
七、本章小结 ·· 79

第七章 华北平原高碘地下水的微生物成因研究 ············· 80
一、样品采集及测试分析 ································· 81
二、水化学组成特征 ····································· 86
三、微生物群落结构和功能潜能 ··························· 88
四、宏基因组组装基因组分析 ····························· 95
五、本章小结 ··· 100

第八章 全国高碘地下水分布预测 ······················· 102
一、技术方法 ··· 103
二、结果与讨论 ······································· 106
三、本章小结 ··· 112

主要参考文献 ··· 113

第一章

绪 论

碘是生物生长发育必需的微量元素。人体内 2/3 的碘存在于甲状腺中,其主要生理作用通过形成甲状腺激素而发生。机体长期碘摄入不足,可造成甲状腺肿,严重的会出现甲状腺机能减退、智力下降(儿童)、胎儿早产及地方性克汀病,统称碘缺乏病(IDD);而机体长期摄入过量的碘,可造成高碘性甲状腺肿和高碘性甲亢,严重的可致甲状腺癌。

据统计,全球约有 1/3 的人生活在缺碘环境中,我国大部分地区曾为碘缺乏病地区,病区人口达 4.25 亿,约占世界病区总人口的 40%,是世界上碘缺乏病流行最严重、最广泛的国家之一。食盐加碘是目前国内外公认的防治碘缺乏病最简便、经济实用的方法。随着全民食盐加碘(USI)计划的实施,碘缺乏状况在全国范围内得到了很大程度的改善,基本达到了消除碘缺乏病的目标。同时碘摄入过多所导致的机体损伤也逐渐引起人们的重视。1962 年,日本首次报道并提出了高碘性甲状腺肿的概念。此后,世界上许多国家,如瑞士、丹麦等先后报道了高碘性甲状腺肿的存在。世界范围内报道有水源性高碘甲状腺肿的国家包括瑞士、智利、丹麦、阿根廷、加拿大、日本、中国等(Pearce et al.,2013;Voutchkova et al.,2014a,2014b;Voutchkova et al.,2017)。在丹麦,全国范围内所调查的 2562 处地下水中有 11 个样品碘浓度超过 200 $\mu g/L$,地下水中碘的最高浓度可达 14 500 $\mu g/L$(Voutchkova et al.,2014a,2014b;Voutchkova et al.,2017)。在智利,地下水中碘的最高浓度达 6096 $\mu g/L$,主要与上覆的硝酸盐矿床有关(Álvarez et al.,2015)。在阿根廷,作为饮用水资源的地下水中碘浓度变化范围为 17.4~730 $\mu g/L$,中位数为 121 $\mu g/L$(Smedley et al.,2002)。在加拿大安大略省西南部地下水中碘的最高浓度为 400 $\mu g/L$(Hamilton et al.,2015)。在日本沿海地区,受海水影响,其滨海地区地下水中碘的最高浓度为 34 000 $\mu g/L$(Togo et al.,2016)。

我国是首先发现水源性高碘致甲状腺肿的国家,并制定了《水源性高碘地区和高碘病区的划定》(GB/T 19380—2016)标准,该标准将饮用水碘中位数浓度超过 100 $\mu g/L$

的地区定义为水源性高碘地区。《地下水质量标准》(GB/T 14848—2017)规定Ⅲ类水中碘离子的浓度须小于 80 μg/L。据统计,我国现有 12 个省市约 6000 万人口生活在高碘区,主要分布在滨海区、华北平原、黄淮海平原、内陆盆地区等(张二勇等,2010)。2017 年,国家卫生和计划生育委员会在全国范围内开展饮用水中碘含量的调查,结果表明,高碘地下水(总碘>100 μg/L)主要分布在滨海区、黄淮海平原、内陆盆地区等 11 个省、自治区和直辖市,受威胁人口约 3098 万。其中,大同盆地地下水碘浓度变化范围为 14.4~2180 μg/L,约 44.8% 的地下水碘浓度超过 100 μg/L,主要分布于盆地中心地下水排泄区(Li et al.,2014)。华北平原地下水碘浓度变化范围为 0.88~1106 μg/L,约 48.2% 的地下水碘浓度超过 100 μg/L,主要分布于滨海区第Ⅲ、第Ⅳ承压含水层中(Li et al.,2017)。太原盆地及关中盆地地下水碘浓度变化范围分别为 0.02~4117 μg/L、2~28 620 μg/L(Tang et al.,2013;Duan et al.,2016)。滨海区高碘水主要受海水影响,分布较为集中。而内陆地区天然成因的原生高碘地下水来源不同,呈分散、点状分布,这种分布特征不仅增加了当地政府部门"因地制宜、科学补碘"的难度,更对当地居民身体健康产生了巨大的影响。因此,查明高碘地下水的时空分布特征及影响因素,进而针对性地采取预防碘超标和控制食盐碘含量等措施,对防治部分地区由碘摄入过量引起的生理疾病具有重要的现实意义。

近年来,随着地下水在居民生产、生活用水中比重的逐年增大,它逐渐成为很多地区,特别是干旱内陆盆地区居民生活用水及工业、农业用水最主要的供水水源。但原生劣质地下水(高砷、高氟、高碘等)的出现加剧了这些地区水资源供需紧张的局面,严重制约了当地社会、经济的可持续发展。同时,原生劣质地下水也是当前国际社会所面临的最严重的地质环境问题之一,已成为环境地质领域研究的热点课题,因此,选取我国典型内陆干旱地区高碘地下水分布区,对其含水介质中碘迁移转化富集规律进行微观系统性的研究,查明碘的具体来源,研究并控制其迁移转化富集的地球化学及生物地球化学过程,不仅有利于丰富对内陆地区原生高碘地下水形成机制的认识,更对减轻饮用高碘水造成的危害,保证居民饮用水安全,缓解当地水资源供需紧张的现状及妥善处理高碘地下水具有重要的现实意义。

一、自然界中的碘

碘仅有一种稳定同位素 ^{127}I,同时还包含 25 种放射性同位素,其中 10 种放射性同位素的半衰期仅为数分钟到数小时,但 ^{129}I 有非常长的半衰期(1.57×10^7 a)。放射性同位素 ^{129}I 主要来自核反应堆、核燃料回收及核泄露事故(Hou et al.,2002,2009)。近年来,核能的争议性及核泄漏事故的一再发生,使得当前对碘的研究很大程度集中在放射性碘污染、循环及迁移富集上,对稳定同位素碘迁移转化富集的研究相对较少。

碘(下文中的碘指^{127}I)是一种广泛分布于大气圈、岩石圈、水圈和生物圈的微量元素。水圈中70%以上的碘分布于海洋中,其平均浓度为45~60 μg/L,淡水中碘的平均浓度为1~3 μg/L。大气颗粒物中也含有少量碘,浓度为1~100 ng/m^3,地区性差异较大,通常海洋周围大气颗粒物中的碘含量较高。大气降水中的碘含量相对较高,平均浓度为1~6 μg/L,主要来自大气颗粒物。大陆土壤中的碘浓度为0.5~40 μg/g,通常浓度为1~3 μg/g,有机质含量较高的土壤碘含量较高,我国土壤碘的平均浓度为3.63 μg/g。生物体中,碘浓度随其生物活性及周围环境碘含量的变化而变化,海相生物体中的碘含量通常较高,如海藻中的碘干质量最高可达6000 μg/g,而陆生植物体中的碘浓度较低(<1 μg/g)。动物体中的碘主要集中于甲状腺组织中,干质量为0.5~5 mg/g,在其他组织中浓度通常低于1 μg/g(Muramatsu et al.,1998)。碘在环境介质中的含量一般较低,在岩石(约0.1~3 mg/kg)和土壤(约1~5 mg/kg)中的浓度为10^{-6} g/g级,在雨水(约0.5~10 μg/L)和淡水(约2~10 μg/L)中的浓度为10^{-9} g/mL级(Fuge et al.,2015)。天然碘主要富集在海水中,储量占地球表面天然碘储量的70%左右,浓度通常在45~60 μg/L之间,某些海藻(褐藻为100~6000 μg/g)中的碘含量高达千分之几(Hou et al.,2009;Fuge et al.,2015)。相比之下,陆地植物平均每克干组织仅积累0.2~0.5 μg碘(Fuge et al.,2015;Yeager et al.,2017)。

由于碘在海洋中广泛分布,因而当前对碘的研究很大程度上集中于海洋、近海及滨海区域。在滨海区域,海水中的碘很容易被土壤、沉积物及海相动植物体所吸附或吸收,使得海洋表层沉积物中碘含量较高(表1.1),在利于碘释放的条件下碘重新转移至滨海区域地下水中,造成全球范围内滨海地区普遍分布有高碘地下水,对滨海地区居民身体健康及社会发展造成巨大影响,因此引起广泛关注。此外,海水及海相生物体中的碘也可通过海洋表面微小水泡的破裂以气态无机碘[分子碘(I_2)、HI、次碘酸(HOI)]、有机碘(CHI_3、CH_2I_2、$CH_3CH_2CH_2I$等)形式释放到大气中,再经过干湿沉降转移至陆地上,最后通过地表径流等形式返回到海洋中,形成滨海区域碘的局部循环。

表1.1 海相沉积物、岩石及煤样品中碘含量(Muramatsu et al.,1998)

固相	碘含量/(μg·kg^{-1})
黏土,$CaCO_3$含量≤1%	1660~5330
富含有机碳页岩	248~6150
砂岩	52~168
灰岩	260~3870
富有机碳煤	4100~490 000
片麻岩、云母、闪石	4~46

表 1.1（续）

固相	碘含量/(μg·kg^{-1})
花岗岩	2～38
玄武岩	5.8～14
橄榄岩	11～12

二、碘的赋存形态及转化机制

碘是一种典型的氧化还原敏感元素,可表现出多种价态:-1、0、+1、+3、+5、+7,并可以多种化合价形式存在于水体中。在自然界水体中,碘主要以 I^-、IO_3^- 及有机碘形式存在(Hou et al.,2009)。其赋存形态主要受周围环境 pH 值及氧化还原条件控制(Otosaka et al.,2011)。在还原环境中,碘主要以 I^- 形式存在;在氧化环境中,碘则以 IO_3^- 形式存在;同时,自然水体中还存在一定量的有机碘(Schwehr et al.,2003;Santschi et al.,2004)。水体中碘的存在形态与其赋存环境有关,同时也是研究碘在地下水系统中迁移转化规律的基础所在。由于具有较好的热力学稳定性,I^- 被认为是自然界大多数水-土壤/沉积物体系中水碘的主要形态,且在已发现的碘的不同形态中,I^- 的活动性最强,沉积物矿物对它的吸附能力最弱。IO_3^- 在稻田土壤表面的吸附系数是 I^- 的 6 倍(Kodama et al.,2006)。在日本千叶县沿海氧化条件下的表层土壤中,有机碘的吸附系数约为 I^- 的 10 倍,而在次表层土壤的稍还原条件下,有机碘的吸附系数是 I^- 的 100 倍有余(Shimamoto et al.,2011)。在天然土壤样品中,碘主要以有机碘的形式存在(约占总碘的 90%),无机碘在有机质含量较低的沉积物中占重要地位(占比高达 50%)(Kaplan et al.,2014;Yeager et al.,2017)。土壤中碘形态方面的研究目前还较少,Whitehead(1984)指出在温带地区,土壤中的碘主要以碘化物形式存在。Steinberg 等(2008a)在调查美国维琴河沿岸盐渍土壤中碘的垂直分布特征及其形态时发现:有机碘是其中最主要的碘形态,其次为碘离子;有机碘的浓度与土壤中总有机质和木质素(lignin)的含量相关。

海水中碘主要以 IO_3^- 和 I^- 形式存在,伴有少量有机碘。不同形态碘的浓度随海域以及深度的不同有较大差异。Tsunogai(1971)发现在太平洋海域,表层海水中 I^- 浓度较高,深层海水(深度大于 250 m)中则以 IO_3^- 为主。但在波罗的海海水中,IO_3^- 在表层海水中的浓度高于深层海水的(Ullman et al.,1990;Truesdale et al.,2001;Waite et al.,2003)。入海口及沿海区域 I^- 含量较高,有机碘含量占总碘含量的 5%～40%(Wong,1995;Hou et al.,2007)。近年来陆续有学者在表层海水中检测到 CH_3I、CH_2I_2、CH_2ClI、$CH_3CH_2CH_2I$ 等形式的挥发性有机碘,其来源是海水中藻类的代谢物,浓度和种类也表现出强烈的季节变化特征。海洋中的碘以这些挥发性有机碘的形式释放到大气中进而参与碘的全球循环。同时有研究表明,这些挥发性有机碘可对对流层臭氧层造成一定的破坏(Greenberg et al.,2005)。陆地水体中的碘含量和形态分布与海水中的碘有很大的不同。Gilfedder 等(2009)对德国 2 个湖泊水中碘形态分布研究发现,总碘浓度约为 2.03 μg/L,其中有机碘超过 70%。地下水中的碘含量和形态分布差异较大,Yang 等(2007)对山西太原高碘地区地下水进行检测,结果表明:不同村庄的井水中碘浓度范围跨越较大,为 2.7～4100 μg/L,其碘形态分布差异也较大,部分样品以 I^- 为主,部分以 IO_3^- 为主,并含少量有机碘。

在地下水系统中,氧化还原条件、有机碳浓度和微生物是控制水-土/沉积物碘形态转化及迁移释放的主要驱动因子。在自然界中,几乎所有水土体系中的碘均以多形态共存,而复杂的水文-生物地球化学过程可造成碘的形态转化继而影响碘的迁移释放(Kaplan et al.,2014)。天然地下水系统可赋存多种功能微生物,如硝酸盐还原菌、铁还原菌及硫酸盐还原菌等,它们均可能对水体碘的赋存形态产生影响。有文献报道,硝酸盐还原菌在不含硝酸盐的 10 mmol IO_3^- 培养体系中,可还原降低 IO_3^- 浓度,同时在无细胞提取物中发现 IO_3^- 还原酶(Tsunogai et al.,1969)。Councell 等(1997)发现 *Desulfovibrio desulfuricans* 和 *Shewanella putrefaciens* 的细胞悬液在厌氧条件下能够还原 100 μmol IO_3^-。兼性铁还原菌(*Shewanella oneidensis* strain MR-1)也可还原水体中的 IO_3^-(Li et al.,2020)。上述碘酸盐还原菌均赋存于缺氧环境中,目前还未见文献报道需氧的碘酸盐还原菌。此外,某些厌氧细菌可利用有机碘化合物作为终端电子受体脱碘,形成脱卤呼吸过程。例如,在产甲烷的条件下,在湖泊沉积物中观察到 2,3,4-碘苯甲酸盐还原脱碘,苯甲酸盐作为中间产物最终转化为 CH_4 和 CO_2(Horowitz et al.,1983)。Oba 等(2014)从陆地沉积物中分离富集了 1 个能将 2,4,6-三碘苯酚脱卤还原为 4-碘酚的厌氧微生物菌团。厌氧还原菌存在于富含有机物的缺氧水环境(深层承压、半承压含水层),对 IO_3^- 还原及有机碘脱碘产生 I^- 发挥着重要作用。在有氧环境中,I^- 自发形成 I_2 的速度非常缓慢,但一些生物体(如大型藻类、微藻和细菌)可将 I^- 氧化为 I_2,有学者从海水和盐水中分离得到的异养碘化物氧化细菌,可将 I^- 氧化为 I_2(Amachi et al.,2005a;Zhao et al.,2013;Wakai et al.,2014)。在陆地水土系统中,有氧条件下细菌和真菌的代谢过程或光化学反应可产生活性氧,其中 H_2O_2 是促使 I^- 氧化的主要物质,并形成 I_3^-(Watts et al.,2007;Seki et al.,2013)。此外,细菌分泌的有机酸在降低培养基 pH 值的同时,与 H_2O_2 反应生成过氧羧酸,进一步促进 I^- 的氧化(Li et al.,2012)。除微生物外,水土体系中的矿物相及共存离子也通过影响碘的赋存形态进而影响其迁移释放能力。有学者发现 I^- 在接近中性 pH 值的砂砾含水层中被氧化成 I_2 和 IO_3^-,推断可能是由于 I^- 与含水层中的活性锰(约 2 μmol/g)发生氧化还原反应(Fox et al.,2009)。随后,有学者发现合成的水钠锰矿型二氧化锰(δ-MnO_2)可氧化

I^-,且氧化速率随 pH 值的增大而降低,I_2 是 I^- 氧化成 IO_3^- 的中间物种(Allard et al.,2009)。I^- 氧化和 IO_3^- 还原都能产生反应性中间体,包括 I_2、HOI 和 I_3^-,这些中间体很容易与土壤有机质(SOM)通过共价连接(碘化)形成有机碘(Schlegel et al.,2006;Bowley et al.,2016)。当地下水处于还原环境时,多种氧化还原敏感组分常以还原态赋存,如铁以 Fe(Ⅱ)的形式赋存,Fe(Ⅱ)可将 IO_3^- 还原为 I^-;在强还原环境中,稳定赋存的硫化物可通过亲核取代反应替换有机碘中的碘,促使 I^- 进入液相。因此,在有氧及厌氧地下水系统中赋存的微生物、共存离子及矿物相均影响着地下水中碘的赋存形态,进而影响碘在固液体系的分配方式。

三、碘的迁移转化富集规律

碘可大量富集于沉积物有机质中,大量研究表明,有机质是土壤中碘最主要的载体,通常土壤中有机质含量越高,其总碘含量就越高(Andersen et al.,2002;Laurberg et al.,2003;Steinberg et al.,2008b;Dai et al.,2009;Shetaya et al.,2012)。Englund 等(2010)和 Hansen 等(2011)运用连续提取方法分别提取了湖泊及海洋沉积物中不同吸附态碘,结果表明,超过 30% 的碘吸附于土壤有机质中,而仅有约 10% 的碘吸附于金属氧化物矿物中。Shimamoto 等(2011)运用 Micro-XRF 细化日本千叶县表层土壤中碘的主要载体,发现富集有机质及黏土矿物的铁矿物是土壤中碘的主要富集载体,同时在进一步细化铁矿物组分时发现碘主要富集于吸附在铁矿物表面的有机质上。此外,铁矿物本身也为土壤及沉积物中碘的主要吸附介质,其表面可提供正电荷吸附 I^-、IO_3^-,并随周围环境 pH 值降低,其吸附能力增强(Yamaguchi et al.,2010)。

土壤沉积物中的有机质除是碘的主要富集载体外,它对不同形态碘间的迁移转化也起到至关重要的作用。Allard 等(2009)将不同地区提取到的有机质与二氧化锰结合形成吸附反应介质对 I^- 进行吸附反应模拟,发现吸附于二氧化锰上的有机质可氧化周围环境中的 I^- 形成甲基碘,甲基碘的浓度随环境中 I^- 浓度的升高逐渐升高,且疏水性有机质利于 I^- 转化成甲基碘。此外,富集于有机质中的 IO_3^- 在其还原过程中可由无机碘转化为有机碘,并少量释放到水体中,大部分又赋存于沉积物中。Steinberg 等(2008b)研究表明,在高温、pH 值为 3.5~9 的条件下,泥炭和木质素可将 IO_3^- 转化为 I^- 及有机碘。Francois(1987)也发现,将腐殖质与 IO_3^- 密封共存反应,随着时间的推移,溶液中 I^- 的浓度逐渐升高。在上述实验中,IO_3^- 都先转化为中间态 I_2 或 HOI,继而又迅速转化成有机碘或 I^-。Yamaguchi 等(2010)研究表明,I^- 和 IO_3^- 同有机质反应形成有机碘的时间也不尽相同,相较于 I^-,IO_3^- 更易与有机质结合转化为有机碘。土壤沉积物中的金属氧化物及氢氧化物矿物对不同形态碘的迁移转化也起到一定的控制性作用。δ-MnO_2的催化可促使I^-氧化成I_2继而形成IO_3^-吸附于矿物表面。但当有机质存在时，I_2会先被有机质吸附转化为有机碘，而阻止I^-、IO_3^-的形成（Allard et al., 2009；Gallard et al., 2009）。

除有机质及金属（氢）氧化物外，近年来，关于碘的生物地球化学研究也逐渐得到重视。研究表明，无论是滨海还是天然卤水中所分离出的原生微生物，均对水体中碘的富集及不同形态碘之间的迁移转化起到至关重要的作用。如Councell等（1997）从深层海水中分离出MR-4，它可将原生深层海水中的IO_3^-全部还原为I^-，且表现为一维动力学反应模型。Amachi等（2005a，2007）从海洋沉积物中分离出能大量吸收水体中I^-的氧化型微生物C-21，隶属于黄杆菌科，I^-在细胞膜表面葡萄糖氧化酶作用下被氧化为HOI进而进入并富集于细胞内。Amachi等（2005b）从天然卤水中分离出碘离子氧化菌，可将水体中的I^-转化成I_2及挥发性有机碘CH_2I_2、CH_2ClI等，但在天然海水及滨海沉积物中并未发现该菌种。

第二章 大同盆地原生高碘地下水的空间分布

大同盆地是我国典型的原生高碘地下水分布区,地下水是区域居民生产、生活的主要供水水源,高碘地下水给居民的供水安全及健康造成极大的威胁。区域地下水前期调查资料显示,大同盆地高碘地下水主要分布于盆地中心地下水排泄区。因此,本章以大同盆地中心山阴县、应县为主要研究区,系统地开展地下水及沉积物样品的采集工作,完成样品基础理化性质测试分析,查明区域利于地下水碘富集的水环境特征及沉积物碘的主要赋存载体,提取影响地下水碘迁移转化的主控水文-生物地球化学过程,为后续高碘地下水成因机理的深入分析提供数据支撑及理论基础。

一、大同盆地

1. 自然地理概况

大同盆地位于山西省北部,山西地堑系的北端,呈北东-南西向展布,是一个新生代断陷盆地(王焰新等,2004)(图2.1)。盆地东西长250 km,南北宽330 km,大部分海拔为1000～1100 m。盆地北、西、南三面为中低山环绕。在盆地边缘地带,广泛分布着冲积扇和冲洪积倾斜平原,盆地中心为一微向东倾斜的宽阔的冲湖积平原。区内主干河流为桑干河,发源于盆地西南宁武县的管涔山,由西南向东北贯穿整个盆地入河北阳原盆地,其主要支流有黄水河、御河、浑河等。

大同盆地属东亚季风区,冬季受蒙古高压控制,气候寒冷干燥,夏季受海洋气团影响,气候温暖湿润。多年平均降水量不足400 mm,降水多集中于七八月份,蒸发强烈,多年平均蒸发量保持在2000 mm以上,属温带半干旱地区干草原栗钙土地带。年平均

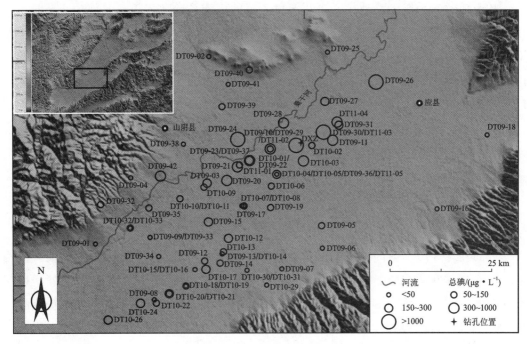

图 2.1 研究区和采样点位置

气温约为 6.5 ℃,无霜期约有 130 d。黄土或黄土状物质堆积区是农耕地和人口集中分布区。煤炭资源丰富。

2. 地层岩性

盆地轮廓明显受构造控制,盆地边缘分布冲沟分割的黄土台地和缓坡黄土丘陵,多为结构疏松的砂质黄土,厚度不大。盆地基底为前寒武纪变质岩系,唯朔州市以东是奥陶纪灰岩。基底地形起伏,在地表有明显反映,如黄花梁隆起,将盆地分为南(山阴)北(大同)两部分。盆地内松散层以上新世最早,可见盆地形成在古近纪以后。第四系最大沉积厚度约为 700 m,北部有间歇性火山喷发活动及玄武岩流形成的台地和垄岗,当河流切过玄武岩盖时,形成罕见的平原峡谷地貌。

大同地区出露地层较全,包括太古宇的桑干群和五台群,元古宇的长城系和蓟县系,古生界的寒武系、奥陶系、石炭系和二叠系,中生界的侏罗系和白垩系,新生界的第四系、古近系和新近系等。大同盆地北侧基岩主要是太古宇桑干群片麻岩和震旦系灰岩;南侧主要是太古宇五台群恒山段的片麻岩和花岗岩;西边的洪涛山和管涔山则主要出露寒武纪、奥陶纪的灰岩和石炭纪、二叠纪的砂页岩。古近系为玄武岩夹褐煤层,分布于黄花梁岗地。新近系主要为红土堆积,出露于盆地周围的山麓地带和山地中的宽谷之中。另外,盆地中零星分布许多下中更新世的玄武岩垄岗。

从山前倾斜平原到盆地中心沉积厚度不等的第四系松散岩类。盆地中心地带第四系厚度一般在 200 m 以上，最厚可达 2700 m。其成因及分布主要取决于地貌，从下至上依次为下更新统（Qp_1）、中更新统（Qp_2）、上更新统（Qp_3）和全新统（Qh）。综上所述，山前倾斜平原主要由冲洪积成因的夹砂或含砂的浅黄色亚砂土和粉土组成。盆地平原区为冲湖积沉积物，低洼区和盆地中心的中下部多为湖积的淤泥质黏土、粉质黏土和亚砂土，含丰富的有机质，而盆地中心上部、河流两岸和平原区边缘地带则主要为冲积的亚砂土，河床两侧还分布粉砂。总体上，从山前到盆地中心，沉积物颗粒逐渐变细，厚度逐渐加大。

3. 水文地质结构

大同盆地经历了第四纪以来的新构造运动和气候环境变迁，形成了水文地质结构复杂而又相互联系的地下水系统。盆地内松散层厚度一般为数百米，在凹陷处松散层可达 1000～1500 m。盆地主要含水层埋藏深度多为 100～150 m，以中上更新统的洪积、冲积的砂砾石层为主。按埋藏条件和埋藏深度不同，含孔隙水的第四系松散岩类从上到下大致分为以下 4 个含水岩组。

1）潜水含水岩组

潜水含水岩组广泛分布于整个盆地，从山前冲洪积平原区到盆地中心厚度逐渐变小，岩性逐渐从倾斜平原区的冲洪积砂砾石变为冲湖积平原区细砂，埋深为 4～10 m。在冲湖积平原区，由于地势低平，潜水滞流，水位埋深较小，蒸发强烈，因而地下水中盐分聚集，形成高 TDS（溶解固体总量）潜水。

2）浅层半承压含水岩组

浅层半承压含水岩组分布于整个盆地，其厚度与潜水含水岩组有同样的变化趋势，岩性也由倾斜平原区的砂砾石和中粗砂变为冲湖积平原区的含淤泥的富有机质冲湖积相粉细砂层，在盆地中部，其埋深为 10～50 m。

3）中部承压含水岩组

中部承压含水岩组埋深达 50～150 m，是区内最富水的层段，含水介质在倾斜平原区厚度大、颗粒粗，而在冲湖积平原区则相对较薄、较细。该层地下水水质较好，TDS 一般小于 1.0 g/L。

4）深部承压含水岩组

深层承压含水岩组位于150 m以下，含水层以冲洪积形成的砂砾石为主，部分地段出现较粗的扇三角洲相沉积，补给条件较差，但水头往往较高，可以形成自流井。

4. 地下水补给、径流与排泄

大同盆地地下水的运动主要受河系控制，桑干河及其支流几乎贯穿全境，大同盆地及周围山区地下水径流排泄方向与桑干河的地表水系状况基本一致。各流域的主干河道是地下水汇集和排泄的基准。

盆地松散层孔隙水的补给来源有两种：一为垂向补给，二为侧向补给。垂向补给主要来自大气降水入渗，其次是农田灌溉回归水和地表水体、河流的入渗。侧向补给来自山丘区的地下径流，其中沿河谷的地下径流占比较大。盆地深层水具有承压性，有的水头高出地表，对浅层水有一定的补给作用。

大同盆地孔隙地下水径流总体由周边经冲洪积倾斜平原向盆地中心运动。倾斜平原区含水层颗粒较粗，水力坡度大，地下水径流条件较好。该区地下水主要排泄方式为人工开采，其次以侧向径流的方式向冲洪积平原区排泄。在冲湖积平原区，含水层颗粒较细，水力坡度小，地下水径流滞缓。该区地下水的主要排泄方式为潜水蒸发和人工开采。冲洪积倾斜平原上的冲洪积扇地下水补给条件好，水位埋深小，水力坡度适中，地下水循环交替积极，富水性强，水质好，易于开采，打井取水成为地下水重要的排泄方式。盆地中部冲湖积平原地下水，主要接受大气降水垂直入渗补给，部分为侧向冲洪积倾斜平原地下水径流补给，有些地带地表水体（包括河、渠）和灌溉回渗补给占一定比例。由于地势平坦，水流滞缓，水位接近地表，潜水蒸发成为主要排泄方式，其次是人工排水渠系和桑干河系干道排泄。平原水库如镇子梁水库、册田水库等的修建，使河流对地下水的补给也产生了负面影响。总体上，大同盆地的地下水是一个统一的系统。在天然条件下，地下水主要从盆地周边获得降水补给和地表水的入渗补给，而后流向盆地中心。除一小部分在山前冲洪积扇前缘以泉水形式排泄外，绝大部分地下水均通过盆地中心承压含水层向上越流补给潜水，而后消耗于蒸发，但是目前人为开采已逐渐成为承压水的主要消耗项。

依据盆地内地下水径流方向，地下水水位埋深从冲洪积倾斜平原向盆地中心逐渐降低，山前水位埋深为30~70 m，单井出水量为300 m^3/d；盆地中部冲湖积平原地下水水位埋深约为2 m，在部分地区，如朔州城区滋润村、安子村，水头高出地面0.5~1 m，自流量为4~5 m^3/h，山阴县黑圪塔村水头与地面基本相平。

二、样品采集及测试分析

1. 地下水样品

选取盆地中心为重点研究区,从边山至盆地中心共采集71件地下水样品(2009年8月采集42件样品,2010年9月采集29件样品)(图2.1)。采样前,用高流速抽水泵清洗水井5～10 min,并用样品重洗采样瓶2～3次,将地下水样品采集于无碘聚乙烯容器中,同时完成现场参数测定。所采样品用孔径为0.45 μm的滤膜现场过滤。用于阳离子和微量元素分析的地下水样品用超纯 HNO_3 酸化至pH值小于2后保存,用于阴离子分析的样品直接过滤后保存。

地下水样品分析理化参数包括pH值、电导率(EC)、水温和部分氧化还原敏感参数,如 HS^-、NH_4^+ 和 Fe^{2+} 含量,分别用哈希便携式集成探头和DR2800型便携式分光光度计完成现场测定。样品碱度在采样24 h内用滴定法测定。样品中阳离子、微量元素和总碘的浓度分别用ICP-AES(感应耦合等离子发射谱)和ICP-MS(电感耦合等离子体质谱法)测定。阴离子,包括 F^-、Cl^-、NO_3^- 和 SO_4^{2-} 用离子色谱法(离子色谱仪)测定。主量及微量元素的分析误差均应控制在±5%以内。

2. 沉积物样品

如图2.1所示,在高碘地下水分布区完成122 m钻孔钻探工作。沉积物样品采集间隔约为1.5 m/件。采样时,样品用聚乙烯管采集,盖紧盖子,并进行蜡封密封,尽量缩短沉积物与空气接触的时间。样品收集后,保存于4 ℃黑暗环境中,直至分析前。

在完成所有沉积物总碘测试的基础上,依据沉积物碘含量及岩性变化特征,选取23件代表性的沉积物样品完成连续提取实验,提取步骤依据Hansen等(2011)和Englund等(2010)的文章,详细步骤如下。

(1) 水溶性碘:用高纯水按水土比10∶1常温密封搅拌1 h,离心分离,将提取液4 ℃条件下密封避光保存于玻璃瓶中。

(2) 交换性碘:将步骤(1)的残余样品在1 mol/L NH_4Ac-HAc(pH=7)溶液中继续室温搅拌浸提2 h,离心分离,提取液保存方式同步骤(1)。

(3) 金属氧化物吸附态碘:将步骤(2)的残余样品在0.04 mol/L $NH_2OH \cdot HCl$(25% HAc,pH=3)溶液中于80 ℃恒温振荡浸提6 h,离心分离,提取液保存方式同步骤(1)。

(4) 腐殖质及腐里酸吸附态碘：将步骤(3)中残余样品在 5% TMAH(四甲基氢氧化铵)中常温搅拌浸提 4 h，离心分离提取液，此步骤所提取的碘即为土壤有机质所吸附的碘。再取一定量该提取液，用高纯浓 H_2SO_4 酸化至 pH 值为 1.5，静置 30 min，离心分离，此时浸提液中的碘含量为土壤腐里酸所吸附的碘含量。可再利用差减法计算腐殖质所吸附的碘含量。

(5) 残留物中碘：完成上述不同吸附态碘提取后，将残余样品冷冻干燥，再利用碱融法高温提取残留物中的碘。

沉积物样品室内自然风干后粉碎，通过 1 mm 和 0.125 mm 筛孔，过筛样品用于测定土壤 pH 值、有机质含量、主量元素和微量元素组成。将过筛沉积物与水以 1:2.5 的比例混合，测悬浮液的 pH 值，并将结果认定为沉积物 pH 值；用稀 HCl 去除样品中的无机碳后，用元素分析仪完成总有机碳(TOC)的测定；通过 0.125 μm 筛孔的沉积物样品与定量 Li_3BO_3 熔融后采用 X 射线荧光光谱仪测定其主量元素(SiO_2、Fe_2O_3、TiO_2、Al_2O_3、CaO、P_2O_5、MgO、MnO)的百分比；用 HNO_3-HF 高温高压消解法溶样后，采用 ICP-MS 完成沉积物微量元素组成的分析；用 10% 稀氨水在 190 ℃ 高温高压下提取沉积物中总碘(浸提 19 h)，具体方法参照 Xu 等(2010)的文章，提取液用孔径为 0.22 μm 的滤膜过滤，采用 ICP-MS 完成测定。主量元素及微量元素的分析结果重现性好，偏差为 ±5%。上述所有参数浓度测定均在中国地质大学(武汉)生物地质与环境地质国家重点实验室完成。

三、地下水碘的空间分布特征

1. 地下水水化学组成特征

地下水样品 pH 值变化范围为 7.09~8.63，呈现中性及弱碱性地下水环境。依照研究区内水文地质背景[图 2.2(a)]，从补给区到排泄区，地下水水化学类型由 Ca·(Mg)-HCO_3 逐渐演变为 Na-HCO_3、Na-HCO_3·Cl 或 Na-Cl·(SO_4)型水。补给区及排泄区主要阳离子分别为 Ca^{2+} 及 Na^+，其最高浓度分别为 380 mg/L 和 2900 mg/L。主要阴离子为 Cl^- 和 HCO_3^-，其浓度变化范围分别为 6.78~3270 mg/L 和 225~1500 mg/L。同时，从补给区到排泄区，地下水中离子含量明显升高，高值区主要分布于浅层地下水中[图 2.2(b)]。由于盆地平原地区的农业活动相当频繁，部分样品中 NO_3^- 浓度较高，最高可达 1120 mg/L。

部分氧化还原敏感元素组成表明，地下水中 Fe 以 Fe^{2+} 为主，其浓度可达到

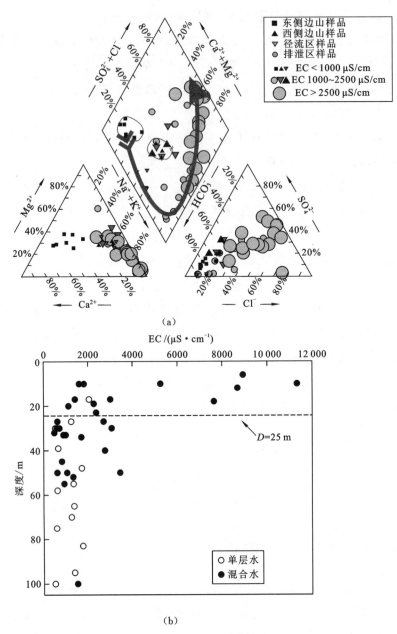

图 2.2 地下水样品 Piper 三线图(a)及电导垂向分布图(b)

1.0 mg/L(平均值为 0.36 mg/L,中间值为 0.18 mg/L)。部分样品 NH_4^+ 含量相对较高,最大浓度可达到 2.57 mg/L,但样品中并未检测出 NO_3^-,说明含水层中有反硝化反应。此外,在盆地中心采集部分地下水样品时明显能闻到臭鸡蛋气味,为 H_2S 气味,而该样品中未检测到 SO_4^{2-},HS^- 浓度达 64 μg/L,表明地下水环境为强还原环境,且硫酸盐被还原。

2. 地下水中碘的空间分布

地下水中总碘的浓度变化范围为 3.31～1890 μg/L,平均值为 209 μg/L,中间值为 85 μg/L,其中约 37％样品碘浓度低于 50 μg/L,35％样品中碘含量超过 150 μg/L,有 6 件样品碘浓度超过 1000 μg/L。地下水中碘的水平分布如图 2.1 所示,从图中可以看出,从山前至盆地中心,地下水的碘浓度逐渐升高。碘浓度超过 1000 μg/L 的地下水样品均分布于盆地中心。在盆地边缘地下水补给区,含水层多处于氧化环境,在盆地中心,尤其是桑干河附近区域,含水层处于偏还原环境,且水流缓慢,利于碘在地下水中富集。

地下水中碘的垂直分布特征如图 2.3 所示,表明原生高碘地下水(＞150 μg/L)在不同深度均有分布,但碘含量高于 500 μg/L 的地下水样品主要分布于井深大于 60 m 井中。

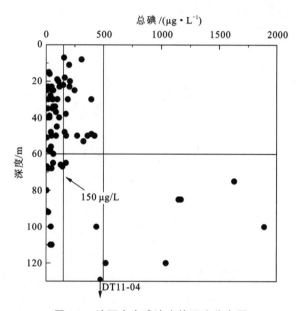

图 2.3 地下水中碘浓度的深度分布图

3. 利于碘富集的地下水环境

如图 2.4 所示,高碘地下水主要分布于 Na-HCO_3 及 Na-Cl 区,表明盆地中心 Na-HCO_3 及 Na-Cl 型地下水利于碘的富集。地下水中总碘含量同地下水水化学参数关系见图 2.5。高碘地下水处于 pH 高值区,集中分布于 8.3 附近[图 2.5(a)],这表明,大同盆地偏碱性地下水环境利于碘在地下水中富集。在偏碱性环境中,OH^- 可替代固相中的碘使得部分碘被替换释放至液相中(Francois,1987;Shimamoto et al.,2011)。图 2.5(b)表明,部分地下水中碘浓度随 EC 值升高而升高,在盆地中心,高碘地下水多分布于浅层地下水中(图 2.3),易受表层强烈的蒸发作用的影响,造成地下水中碘的浓缩,进而使得部分样品中碘浓度升高,而深度大于 60 m 的高碘地下水,其 EC 值远低于浅层地下水,因此,在图 2.5(b)中,部分高碘地下水样品 EC 值较低,该部分地下水样品主要赋存于盆地的深层含水层中。图 2.5(c)中,高碘地下水分布于氧化还原电位(Eh)中间值区及低值区,这表明,大同盆地弱还原及强还原地下水环境利于碘的富集。图 2.5(d)中,随着碘浓度的升高,地下水中 HCO_3^- 浓度逐渐升高,这可能与盆地内强烈的微生物作用有关,微生物可以地下水系统原生有机质为电子供体,降解产生的 CO_2 进入地下水中形成 HCO_3^-,此过程可能造成赋存于有机质中的碘迁移至水体,从而使得地下水中碘与 HCO_3^- 浓度同时升高。高碘地下水中 NO_3^- 含量常较低,可能与偏还原地下水环境中发生的反硝化作用有关,部分高碘地下水中极高的 NO_3^- 浓度同地表人为活动有关,如农作物耕种过程中的氮肥污染[图 2.5(e)]。从图 2.5(f)可看出地下水与溶解有机碳(DOC)之间无明显相关性。

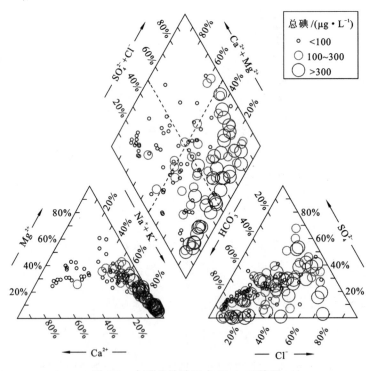

图 2.4 大同盆地地下水 Piper 三线图

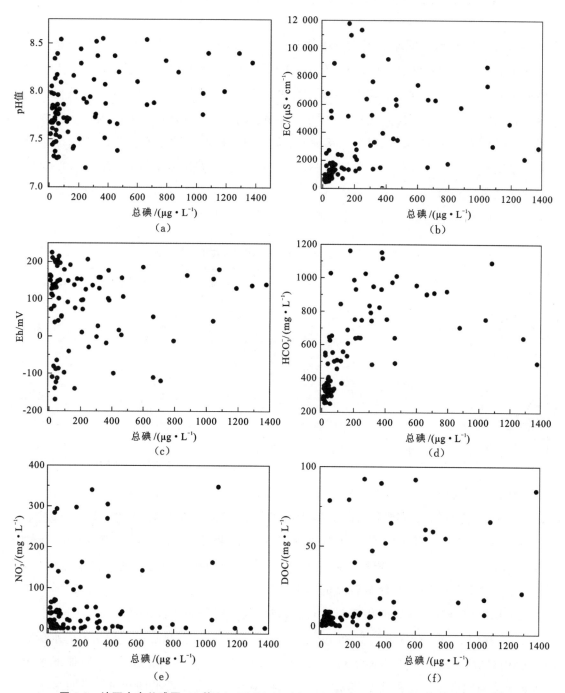

图 2.5 地下水中总碘同 pH 值(a)、EC(b)、Eh(c)、HCO_3^-(d)、NO_3^-(e)及 DOC(f)的关系图

四、沉积物碘的空间分布特征

如图 2.6 所示,大同盆地沉积物以细砂、粗砂及黏土为主,其中粗砂层为研究区主要含水层。沉积物色泽则变化多样,15 m 处有青灰色黏土层,20 m 处有明显呈黑色的砂层。表 2.1 表明,研究区沉积物主要矿物成分为石英、长石、钠闪石、方解石、白云石、绿泥石和伊利石。前人研究表明,基岩层中硅酸盐和铝硅酸盐矿物是组成盆地孔隙介质的主要原生矿物,其水解、风化及溶解/沉淀过程是控制孔隙水水化学组成的一个重要的水文地球化学过程(Wang et al.,2009)。钻孔沉积物中 SiO_2、CaO 及 Fe_2O_3 含量的变化范围分别为 28.6%~73.7%、3.31%~29% 及 2.62%~6.62%,黏土层富含有机质,其 TOC 最高含量达 6.25%,黏土矿物以伊利石和绿泥石为主。

表 2.2 大同盆地代表性沉积物 XRD 矿物相分析结果

样号	岩性	深度/m	TOC/%	石英/%	伊利石/%	正长石/%	方解石/%	钠长石/%	绿泥石/%	白云石/%	钠闪石/%
DXZ-02	灰色粉砂	8.5	0.33	32.54	4.31	3.44	5.42	33.05	6.89	0.69	13.67
DXZ-06	青灰色黏土	15.2	5.22	8.3	34.22	1.5	6.54	22.12	20.89	2.49	3.93
DXZ-17	灰色粉砂	32.6	1.59	21.49	10.06	13.21	7.22	39.7	7.94	0.37	—
DXZ-29	灰色细砂	55.6	0.5	24.68	13.14	10.98	4.6	28.63	15.58	2.38	—
DXZ-40	灰色粉砂	72.1	0.06	28.12	25.08	1.44	0.37	29.00	14.96	0.49	0.53
DXZ-62	灰色粉砂	108	0.06	40.89	13.42	1.57	0.41	36.61	5.35	—	1.76

钻孔沉积物中碘浓度变化范围为 0.07~1.81 mg/kg,平均值为 0.45 mg/kg,中间值为 0.40 mg/kg,其变化范围同全球内陆区土壤平均碘变化范围类似(0.89~1.16 mg/kg)(Fordyce,2003),但明显低于全球范围所有土壤沉积物平均碘含量(约 5.1 mg/kg)(Johnson,2003),受海相沉积环境影响,滨海及海相沉积物中碘含量明显高于内陆区,如挪威滨海区沉积物中碘含量最高可达 15.7 mg/kg(Frontasyeva et al.,2004)。大同盆地沉积物中碘含量垂向变化见图 2.6(a),高值区主要分布于浅层(10~20 m)及中深层(90 m)沉积物中,在深度约为 89 m 处,碘含量达到最高值,这也是当地主要取水含水层。钻孔区所采地下水井深约为 83 m,其地下水中碘含量高达 792 μg/L,表明地下水的高碘含量同周围富碘沉积物直接相关。沉积物碘的垂向分布特征同有机质呈明显正相关性[图 2.6(a)(b)],碘含量高的沉积物中有机质含量均较高,表明有机质是碘在沉积物中富集的主要影响因素。大量文献也证明,有机质在碘迁移富集过程中起至关重要

的作用。对比不同沉积物岩性发现,黏土沉积物中的碘含量高于砂土及亚黏土。

基于上述钻孔沉积物理化性质,选取代表性样品23件,运用化学提取手段,完成不同赋存态碘的连续提取实验。提取态主要包括水溶态、可交换态、铁锰氧化物结合态、有机组分结合态,提取结果见图2.6(a)。结果显示,水溶态及可交换态碘比例较低,沉积物中碘主要集中于铁锰氧化物、残留态(如铝硅酸盐矿物结合态等)及有机质中,比例约占沉积物总碘的80%~95%,其中最主要载体为沉积物铁锰金属氧化物及有机质。大量文献研究表明,当有机质存在时,金属矿物组分主要以无定形结构存在,其吸附能力强,从而影响一些微量元素在土壤及沉积物中的分布特征(Kaplan et al., 2000; Kodama et al., 2006)。因此,在有机质存在的条件下,大同盆地沉积物中的碘可大量赋存于有机质-金属矿物复合物中,同时也为盆地地下水中碘的直接来源。

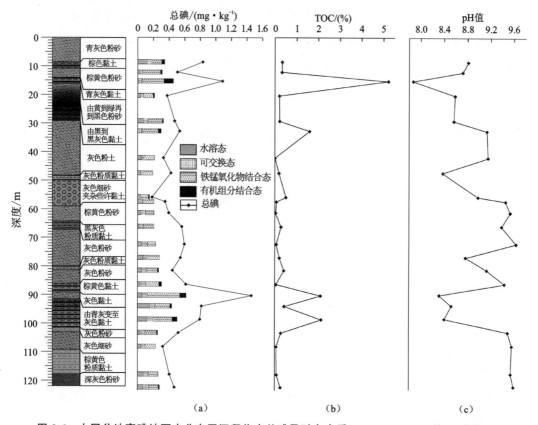

图2.6 大同盆地高碘地下水分布区沉积物中总碘及赋存介质(a)、TOC(b)、pH值(c)变化特征

五、本章小结

大同盆地地下水中碘的浓度变化范围为 3.31~1890 μg/L,平均值为 209 μg/L,中间值为 85 μg/L,约 35% 样品中碘含量超过 150 μg/L。原生高碘地下水水平向主要分布盆地中心排泄区,垂向分布于浅层(≤20 m)及中深层(>60 m)地下水中,高碘地下水的主要水化学类型为 Na-HCO$_3$ 及 Na-Cl,同时以偏碱性、高 HCO$_3^-$、低 NO$_3^-$ 的还原地下水环境为主。钻孔沉积物中碘含量变化范围为 0.07~1.81 mg/kg,平均值为 0.45 mg/kg,中间值为 0.40 mg/kg,同全球内陆区土壤碘含量相一致,但明显低于滨海区沉积物中碘含量;沉积物中碘高值区主要分布于浅层(10~20 m)及中深层(90 m)沉积物中,同地下水中碘的垂向分布特征相类似,这表明,地下水中碘的直接来源可能为沉积物;沉积物中总碘含量同有机质含量呈明显正相关性。同时,运用化学连续提取技术,发现沉积物中碘的主要赋存介质为有机质-金属矿物复合物。

第三章

地下水系统中碘的赋存形态及主控因素

在自然界中,碘的主要形态包括碘离子、碘酸根离子及有机碘,它们可表现出不同的地球化学行为特征,如在土壤中碘离子最不稳定,与土壤矿物的亲和性最低(Dai et al.,2004;Hu et al.,2005;Yamaguchi et al.,2010)。在地下水系统中,碘的赋存形态受多种水化学参数影响与控制,如温度、pH 值、Eh、有机质及其他氧化还原对(Kaplan et al.,2000;Hou et al.,2009;Otosaka et al.,2011;Hu et al.,2012)。已有学者对不同系统内碘的赋存形态及转化机理进行研究,针对海洋系统碘的地球化学循环机制的研究较多(Truesdale et al.,2001)。关于内陆区高碘地下水的研究报道较少,不同形态的碘表现出不同的地球化学行为,因此,研究碘的赋存形态对刻画其迁移转化富集规律起到至关重要的作用。本章采用高效液相色谱与电感耦合等离子体质谱联用技术(HPLC-ICP-MS)对地下水中的无机碘完成分离测试,详细刻画大同盆地地下水中碘的主要赋存形态并深入分析其主控因素。

在本研究分析中,我们同时运用因子分析(FA)及平行因子分析(PARAFAC)提取地下水主控环境因子及溶解性有机物(DOM),二者近年已成功应用于地表水(Chen et al.,2010)、地下水(Wang et al.,2011)以及污染区水体(Dahm et al.,2012)的研究中。FA 是一种降维的多元统计方法,是在丢失部分信息后用极少量统计因子最大限度还原原数据的统计分析技术,PARAFAC 则应用于三维荧光光谱(EEM)数据的分析中。前人研究表明,碘在水和沉积物中的迁移主要与有机质的含量和类型有关(Shimamoto et al.,2011;Shetaya et al.,2012)。荧光光谱法是一种简单、敏感、无破坏性的表征技术,它可用于提取 DOM 分子结构的有用信息。PARAFAC 则基于三维荧光光谱提取出代表性的荧光光谱。

本章我们基于区域地下水样品化学组成及 DOM 三维荧光光谱,运用 FA 及 PARAFAC分析技术深入分析提取的大同盆地地下水样品水化学组成及三维荧光特征,以期详细刻画高碘地下水赋存的水环境特征。

一、样品采集及测试分析

1. 样品采集

研究小组于2012年8月在大同盆地共采集82件地下水样品和1件雨水样品(图3.1)。采样前,用高流量泵清洗水井10 min以上。采样中,对温度(T)、EC、溶解氧(DO)、氧化还原电位(Eh)和pH值进行现场测定。样品经0.45 μm的滤膜过滤后收集至无碘聚乙烯采样瓶中。用于阳离子和微量元素分析的样品,采用高纯HNO_3酸化至pH<2。用于阴离子分析的样品在过滤后直接收集。用于碘形态、TOC和三维荧光光谱分析的样品用预清洗的棕色玻璃瓶采集,水样保存在黑暗环境中。

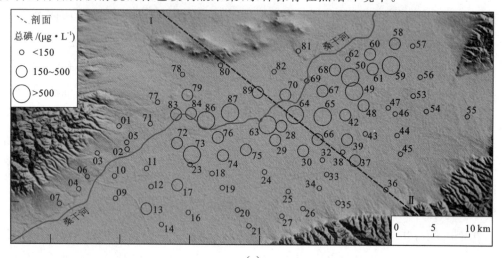

(a)

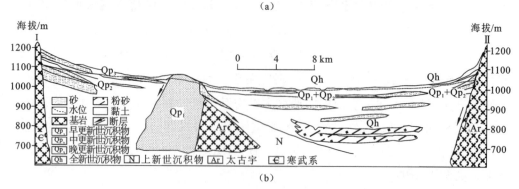

(b)

图3.1 采样点(a)及研究区的地理位置(b)

注:在采样点01所采样品编号为DT12-01,其他同。

2. 测试分析

地下水样品现场理化参数，包括 pH 值、EC、T、DO、Eh 及一些氧化还原敏感组成，如 HS^-、NH_4^+ 和 Fe^{2+} 等，分别用 HACH 便携式多参数探头和 DR 2800 型便携式分光光度计进行现场测试。碱度采用滴定法在采样后 24 h 内完成测定。DOC 采用高温催化燃烧法用 TOC 分析仪测定。阴离子采用离子色谱法进行分析。阳离子、微量元素和总碘分别采用 ICP-AES 和 ICP-MS 完成测试分析。样品采集一周内用 HPLC-ICP-MS(AS14 分析柱)分析无机碘的形态，包括 I^- 和 IO_3^-，检出限分别为 0.035 $\mu g/L$ 和 0.025 $\mu g/L$。有机碘的浓度为总碘和无机碘的差值(Schwehr et al.,2003;Otosaka et al.,2011)。主量及微量元素分析误差均在±5%以内。碘形态分析是在中国科学院地质与地球物理研究所进行的，其他水化学参数的测定均在中国地质大学(武汉)生物地质与环境地质国家重点实验室完成。

地下水的 EEM 采用带氙气灯的日立 F-4600 型荧光分光光度计进行测定。测试条件依据日立公司所设定的程序来选择。EEM 所采集的激发波长范围为 300～600 nm，发射波长为 200～450 nm，分别间隔 2 nm、5 nm。测试前用超纯水扣除空白荧光值。EEM 先完成归一化处理，再采用 Murphy 研发的 FDOMcorr 工具箱(Ver 1.6)在 MATLAB 平台完成(Murphy et al.,2010;Murphy,2011)。荧光强度单位均为拉曼(U)。

3. 统计方法

FA 是一个将多列数据参数简化为少量数据参数的分析手段。本研究利用 FA 提取的因子数量以 Kaiser 准则为基础，即特征值大于 1。同时，采用方差最大旋转法凝练提取的因子。FA 数据分析采用 SPSS 18.0 软件。

82 件地下水样品 EEM 的 PARAFAC 分析是在 MATLAB 平台用 DOMFluor 工具箱(Ver 1.7)完成的。在主要有机组分提取过程中，分别完成 3～6 个组分的提取，最终基于半分析、残差分析和评价模型确定最后因子的数量，本研究中 4 个组分模型通过所有验证。

二、地下水水环境特征

1. 地下水水化学组成

除一件样品 pH 值为 9.73 外，其余地下水样品 pH 值范围为 7.2～9.32，均呈弱碱性。盆地中心浅层地下水样品主要阴离子为 Cl^-，两侧边山及盆地中心深层地下水主要阴离子为 HCO_3^-，其浓度变化范围为 181～1842 mg/L。Na^+ 是盆地中心地下水样品的主要阳离子，最高浓度为 2050 mg/L。两侧边山地下水主要阳离子为 Ca^{2+}。沿地下水流向，盆地中心地下水排泄区样品 TDS 浓度较高，其变化范围为 373～8264 mg/L。部分浅层地下水样品由于受地表农业活动影响，NO_3^- 的含量高于 WHO 所推荐的饮用水限定值（50 mg/L）。

地下水 Eh 变化范围为 −170～224 mV，DO 浓度变化范围为 0.59～5.49 mg/L，表明还原及氧化环境在大同盆地地下水系统均有赋存。总铁（$Fe_总$）的浓度变化范围为 ＜0.01～3.47 mg/L，还原条件下 $Fe_总$ 的浓度普遍较高（0.1～3.47 mg/L），且 Fe^{2+} 是 Fe 的主要形态。NH_4^+ 与 HS^- 浓度变化范围分别为 ＜0.01～1.59 mg/L 及 ＜1～83 μg/L，表明含水层在还原及强还原条件下存在硫酸盐还原和硝酸盐异化还原（DNRA）过程。地下水中 TOC 浓度相对较高，其变化范围为 ＜0.01～92.14 mg/L（平均值：5.66 mg/L）。

2. 地下水碘赋存形态特征

地下水样品中碘浓度变化范围为 6.2～1380 μg/L（平均值：116 μg/L），其中，47％的样品碘含量超过 150 μg/L（表 3.1）。如图 3.1 所示，盆地中心地势平坦区，地下水样品碘浓度较高，两侧边山地下水样品碘含量较低。浅层及深层含水层均有高碘地下水赋存。盆地中心地下水水位约为 2 m，易受强烈的蒸发浓缩作用影响，因此，盆地中心浅层地下水碘浓度随 TDS 升高而增大（Xie et al.，2012）。

地下水中碘的赋存形态组成如图 3.2 所示，碘离子、碘酸根离子及有机碘共存于大同盆地地下水中。在 82 件进行形态测试分析的地下水样品中，碘离子在 80 件样品检测出，其浓度变化范围为 1.3～1160 μg/L，平均值为 176 μg/L，中间值为 51.4 μg/L；有 46 件样品检测出碘酸根，其浓度变化范围为 1.55～999 μg/L，平均值为 35.9 μg/L，中间值为 25.6 μg/L；有机碘浓度的变化范围为 ＜0.01～358.3 μg/L，平均值为 30 μg/L，中间值为 4.4 μg/L。图 3.2 表明，大同盆地原生高碘地下水中碘以碘离子为主，部分样品以碘酸根离子为主，超过 80％样品赋存有机碘。差值计算结果显示，9 件地下水样品中的有机碘浓度超过 100 μg/L。

表 3.1 2012 年大同盆地地下水样品理化参数及水化学参数特征

编号	深度/m	pH值	Eh	DO	总碘	碘酸根	碘离子	TDS	TOC	HCO_3^-	Cl^-	NO_3^-	SO_4^{2-}	K^+	Na^+	Ca^{2+}	Mg^{2+}	$Fe_{总}$	Fe^{2+}	HS^-	NH_4^+
DT12-01	55	7.82	224	5.17	17.8	17.3	1.3	738	1.75	345	51.54	64.66	92.70	0.9	121	24.08	36.24	0.03	0.01	2	<0.01
DT12-02	10	7.31	214	4.98	61.6	37.3	24.9	1536	8.73	654	85.57	139.4	288.7	0.86	248.1	52.23	65.81	0.02	<0.01	3	0.02
DT12-03	80	7.86	204	4.49	53.8	45.2	9.3	701	1.6	384	36.75	44.87	52.35	0.76	146.4	16.25	17.3	<0.01	<0.01	2	0.01
DT12-04	45	7.7	202	5.38	35.9	29.9	7.9	629	1.49	293	40.57	66.68	73.36	0.67	86.4	40.08	26.88	0.02	<0.01	1	0.03
DT12-05	35	7.77	198	3.93	39.7	30.2	7.7	970	1.76	350	115.7	70.59	187.4	1.46	173.5	28.18	40.55	<0.01	<0.01	1	<0.01
DT12-06	50	7.72	202	2.68	36.8	26.2	11.8	852	1.66	486	34.81	20.12	103.9	1.39	125.3	32.68	46.4	0.05	0.01	2	<0.01
DT12-07	40	7.59	199	5.49	45.4	44.9	<0.01	679	1.53	317	45.62	40.65	103.5	1.06	105.3	40.54	24.01	0.04	<0.01	2	<0.01
DT12-09	27	7.8	−65	2.61	48.7	<0.01	50.4	884	6.02	332	166.8	0.33	157.6	0.96	146.2	40.5	40.05	0.30	0.27	16	1.59
DT12-10	60	7.76	−87	1.54	58.6	<0.01	57.3	1075	1.5	332	148.1	1.27	317.8	0.9	176.4	43.65	54.86	0.25	0.19	6	0.27
DT12-11	48	8.17	−113	1.46	51.3	<0.01	49.8	1148	4.76	248	296	0.81	291.2	1.2	210.1	36.44	63.43	0.38	0.35	7	0.78
DT12-12	80	9.32	−89	1.57	42.2	<0.01	41.4	676	4.05	406	81.29	0.49	8.72	0.62	150.7	9.60	18.39	0.28	0.21	39	1.06
DT12-13	65	7.51	101	1.54	375	33.6	192	7106	17.57	930	1764	269.1	2241	4.74	1438	122.2	337.6	0.10	0.02	<1	0.9
DT12-14	39	7.54	−124	1.76	43.6	<0.01	45.1	528	5.14	355	36.16	1.34	8.06	1.66	77.76	22.03	25.27	3.47	3.21	83	1.12
DT12-16	100	8.13	−170	0.59	38.6	<0.01	40.7	425	4.17	307	13.89	0.80	3.91	0.52	69.27	13.42	16.54	0.30	0.28	43	1.55
DT12-17	55	8.16	−141	1.33	162	<0.01	158.0	1085	22.78	689	109.4	0.36	9.92	0.72	229.2	9.561	36.35	0.12	0.1	32	1.39
DT12-18	58	7.97	−81	1.87	28.7	<0.01	29.7	510	9.09	365	16.9	0.52	3.81	0.64	85.45	11.65	24.68	0.23	0.21	19	0.98
DT12-19	30	8.34	−140	1.73	35.6	<0.01	37.7	453	6.94	330	15.09	0.38	3.99	0.6	57.24	20.6	24.95	1.33	1.22	32	0.74
DT12-20	35	7.61	−110	1.4	19.7	<0.01	19.0	479	4.74	263	45.8	0.56	54.07	3	19.52	70.14	22.29	0.59	0.58	25	0.11

表3.1（续）

编号	深度/m	pH值	Eh	DO	总碘	碘酸根	碘离子	TDS	TOC	HCO$_3^-$	Cl$^-$	NO$_3^-$	SO$_4^{2-}$	K$^+$	Na$^+$	Ca^{2+}	Mg^{2+}	Fe$_总$	Fe^{2+}	HS$^-$	NH$_4^+$
DT12-21	32	7.68	135	2.25	26.0	<0.01	23.3	382	3.3	255	9.28	4.53	26.71	2.47	10.57	57.44	16.19	0.02	<0.01	4	0.01
DT12-23	23	7.96	41	1.44	57.2	<0.01	58.6	483	5.66	315	35.27	4.97	8.77	0.66	74.05	18.56	25.4	0.07	0.02	3	0.06
DT12-24	20	7.66	101	1.22	60.6	<0.01	57.7	770	4.42	295	115.3	38.58	110.1	7.41	119.7	45.56	37.84	0.02	<0.01	<1	0.07
DT12-25	30	7.57	−41	2.14	124	<0.01	114	576	5.15	369	27.36	0.5	43.29	1.86	45.12	65.89	22.55	0.5	0.36	7	0.21
DT12-26	45	7.69	112	1.69	16.3	<0.01	15.8	373	3.54	253	8.57	4.41	23.4	2.43	10.9	56.88	13.46	0.03	0.03	1	0.04
DT12-27	100	8.05	127	3.7	15.4	6.8	8.0	469	3.15	270	12.45	36.8	41.3	3.42	14.43	72.78	17.74	0.13	<0.01	<1	0.09
DT12-28	70	9.05	10	0.83	207	<0.01	193	1090	27.62	751	47.46	0.37	3.63	0.49	266.6	4.775	14.55	0.27	0.12	17	0.78
DT12-29	27	7.87	96	1.3	381	1.8	346	4336	89.5	1116	965.1	128	878.8	5.98	1049	38.4	152.3	0.02	0.02	<1	0.03
DT12-30	40	8.44	72	1.64	212	73.9	110	2203	7.71	638	253.5	162.5	553.8	5.07	485.1	31.91	71.75	0.03	0.03	5	0.03
DT12-32	30	7.47	130	2.11	45.2	25.6	19.2	1423	5.79	644	126.3	69.46	246.1	5.22	186.5	51.31	93.11	0.01	0.01	20	0.11
DT12-33	27	7.37	139	1.33	38.2	1.55	24.9	1897	5.2	396	417.2	283.3	320.8	19.43	232	115.8	112.4	0.02	0.02	1	0.02
DT12-34	40	7.46	80	1.92	31.3	<0.01	30.8	546	0.47	317	27.51	0.32	72.42	3.73	43.99	56.25	24.37	0.39	0.11	5	0.12
DT12-35	50	7.55	149	4.29	8.0	2.4	6.5	477	0.15	285	14.72	19.88	47	5.04	14.45	70.09	21.64	0.02	0.02	4	0.04
DT12-36	27	7.67	108	1.25	21.9	<0.01	22.2	500	0.69	321	15.73	11.26	40.7	2.71	19.57	58.64	29.21	0.03	0.03	2	0.04
DT12-37	17	7.92	125	2.92	231	<0.01	217	1156	0.64	642	143.9	3.85	76.62	1.97	202.6	15.76	67.12	0.42	0.39	8	0.12
DT12-38	23	7.68	91	1.89	117	35.3	60.9	1958	0.4	843	134.3	113.4	390	4.54	366.8	38.27	66.48	0.08	0.05	2	0.02
DT12-39	19	7.5	152	1.89	203	56.0	113	1890	2.62	985	125.1	101.1	248.5	2.68	270.3	33.21	121.6	0.02	0.02	2	0.04
DT12-41	50	8.2	106	2.65	471	9.2	462	2515	8.34	1009	239	41.46	430.9	4.06	752	9.845	26.8	0.14	0.02	1	0.07
DT12-43	30	7.81	150	2.36	67.1	9.7	49	986	0.93	553	53.49	28.76	122.4	2.33	140.9	27.21	57.24	0.01	<0.01	5	0.01
DT12-44	33	7.86	−98	2.46	67.1	<0.01	86.3	775	0.59	456	62.24	0.31	71.02	3.17	71.22	69.36	41.59	0.18	0.17	8	0.33
DT12-45	30	7.84	37	1.91	36.0	6.8	30.1	474	0.7	327	14.96	0.82	23.48	4.85	26.27	48.74	27.38	0.12	0.09	5	0.08
DT12-46	55	7.72	148	3.42	119	<0.01	111	1630	<0.01	503	311	21.23	366.6	3.32	263.6	44.94	115.8	0.01	0.01	3	0.04

表3.1(续)

编号	深度/m	pH值	Eh	DO	总碘	碘酸根	碘离子	TDS	TOC	HCO_3^-	Cl^-	NO_3^-	SO_4^{2-}	K^+	Na^+	Ca^{2+}	Mg^{2+}	$Fe_{总}$	Fe^{2+}	HS^-	NH_4^+
DT12-47	30	7.72	178	1.9	94.8	31.4	49.2	1296	0.13	508	216.6	8.95	221.7	3.19	213.2	50.13	74.32	0.01	<0.01	<1	<0.01
DT12-48	30	8.12	−2	2.16	301	5.1	180	2263	0.86	833	362.8	52.24	371.1	3.98	599	12.36	27.12	0.09	0.09	4	0.13
DT12-49	12	7.98	154	2.8	1043	999	<0.01	5493	7.08	1545	1060	162.6	1138	3.43	1497	14.62	69.73	0.03	N.D	N.D	N.D
DT12-50	70	8.2	163	2.76	877	5.7	513	3800	15.16	704	1437	1.97	459.2	7.51	1068	45.09	76.49	0.17	0.12	6	1.22
DT12-51	5	8.1	185	1.49	599	84.5	373	5261	91.76	953	1160	142.5	1455	4.42	1485	14.46	43.18	0.01	0.01	4	0.03
DT12-52	52	8.55	−19	1.39	363	<0.01	344	1211	28.7	823	82.06	0	7.4	0.95	277.4	3.858	14.96	0.2	0.18	14	0.08
DT12-53	30	7.67	72	2.11	12.2	7	4.1	720	3.31	338	66.39	51.17	87.45	5.83	61.27	72.94	36.36	0.06	0.05	4	0.09
DT12-54	75	7.68	160	5.04	11.8	3.7	5.3	451	2.11	292	14.02	13.04	26.90	3.99	23.95	55.58	21.26	0.02	0.02	<1	0.02
DT12-55	63	7.55	163	3.77	6.2	3	2.6	481	1.45	276	18.24	38.08	34.48	5.09	15.42	73.48	19.95	0.01	<0.01	<1	0.04
DT12-56	65	7.71	191	1.57	133	86.4	51.4	1069	3.89	558	89.7	18.76	137.7	2.65	152.6	50.14	58.16	<0.01	<0.01	4	0.03
DT12-57	34	8.54	54	2.66	77.3	<0.01	74.2	1182	4.93	501	163.6	0.54	187.5	1.62	297.2	11.94	14.72	0.09	0.02	<1	0.01
DT12-58	17	8.37	157	3.5	326	2.7	240	2953	47.17	947	424	17.14	705.3	3.4	782	15.82	50.84	<0.01	<0.01	1	0.02
DT12-59	17	8.4	179	1.78	1079	49	1010	3183	65.51	1089	500	346.9	421	5.04	712.8	33.01	71.58	0.02	0.01	27	0.2
DT12-60	15	7.88	−30	1.27	251	<0.01	196	6649	8.31	747	2333	22.7	1432	6.45	1721	83.78	300.5	0.1	0.05	8	0.22
DT12-61	6	7.94	136	2.81	275	262	23.6	4721	92.14	1024	975.1	339.1	1031	2.36	1197	24.88	122.1	0.02	0.02	3	0.07
DT12-62	N.D	7.3	188	2.83	50.4	3.7	35.8	4900	8.79	625	386.4	9.37	2631	10.74	715.3	348.2	173.8	0.01	<0.01	5	0.1
DT12-63	83	8.32	−13	1.48	792	<0.01	732	1465	55.02	918	122.3	10.06	8.43	2.28	383.2	4.908	13.26	0.37	0.04	7	1.03
DT12-64	100	8.3	139	0.79	1380	5.4	1160	1775	84.68	489	624.7	1.77	97.07	6.8	503	19.76	30.55	0.03	0.03	4	1.18
DT12-65	13	8.07	129	2.61	1190	<0.01	1160	3789	20.66	1842	497.1	1.73	358.4	4.3	1026	8.767	43.49	0.17	0.02	10	0.08
DT12-66	25	8.07	176	2.92	377	385.0	17.9	3148	7.83	1151	254	304.1	517.3	2.22	864.4	15.7	35.66	0.01	<0.01	2	0.04
DT12-67	11	7.42	75	1.99	164	109.3	52.8	8264	6.71	608	3214	46.2	1951	6.95	1701	296.1	440.3	0.14	0.1	1	0.02
DT12-68	10	7.2	206	2.25	244	<0.01	249	8250	7.02	640	2884	52.94	2385	6.69	1502	279.7	498.9	0.03	0.03	4	0.1

表3.1（续）

编号	深度/m	pH值	Eh	DO	总碘	碘酸根	碘离子	TDS	TOC	HCO_3^-	Cl^-	NO_3^-	SO_4^{2-}	K^+	Na^+	Ca^{2+}	Mg^{2+}	$Fe_总$	Fe^{2+}	HS^-	NH_4^+
DT12-69	20	7.32	129	3.81	30.0	10.8	14.8	4978	5.84	370	1288	1300	834.1	1.15	574.1	207	402	0.07	<0.01	11	0.05
DT12-70	18	7.76	157	4.19	314	74.4	206	5998	5.98	743	1125	31.45	2395	0.5	1377	82.63	240.9	0.03	0.04	2	0.07
DT12-71	20	7.44	210	2.28	20.6	9.8	6.5	1830	2.58	551	281.2	153.4	398.4	5.87	247.4	87.88	101.3	<0.01	<0.01	4	0.14
DT12-72	95	8.52	128	2.55	318	<0.01	263	947	5.73	482	172.2	1.15	32.38	1.46	234.1	7.574	15.29	0.05	0.03	5	0.28
DT12-73	100	8.54	52	1.31	663	<0.01	664	1282	60.64	899	51.9	<0.01	7.96	1.1	299.1	6.958	13.32	0.35	0.17	8	0.83
DT12-74	17	7.4	137	3.2	158	<0.01	147	3537	7.16	532	1068	94.69	838.7	3.35	718.8	50.61	229.2	0.12	<0.01	1	0.05
DT12-75	17	8.29	97	2.74	214	<0.01	186	1592	39.87	930	129.4	0.73	131	1.37	369.7	8.928	16.03	0.07	0.05	2	0.22
DT12-76	50	8.37	16	1.55	444	<0.01	412	2451	64.62	971	724.1	4.78	17.43	2.54	681.4	5.147	41.93	0.18	0.15	24	1.01
DT12-77	33	7.98	112	2.6	14.9	12.5	3.0	669	2.27	355	43.48	19.39	85.13	1.06	111.6	20.51	30.41	0.06	0.04	4	0.04
DT12-78	3	8.39	147	3.05	53.3	27.0	19.0	3674	78.60	1026	620.6	292.6	676.3	4.6	993.3	23.55	32.96	0.01	0.01	1	0.02
DT12-79	18	7.99	153	3.88	176	137.8	17.6	8254	79.15	1161	2069	296.3	2317	1.31	2050	40.56	314.5	0.01	0.01	1	0.02
DT12-80	52	8.09	52	5.08	76.9	71.0	7.7	949	1.90	336	141.2	35.61	205.2	2.26	152	24.24	50.67	0.19	0.05	<1	0.09
DT12-81	10	7.85	137	4.51	21.6	9.9	5.8	1165	6.41	536	142.9	38.78	180.7	5.76	111	29.78	115.4	<0.01	<0.01	<1	0.06
DT12-82	6	7.52	196	2.87	69.1	4.9	33.6	6414	5.18	325	1822	43.65	2356	25.79	1344	275.8	221.7	0.04	0.02	2	0.1
DT12-83	7	7.66	3	3.15	459	<0.01	338	4629	4.97	640	832.4	35.27	1777	3.55	1103	84.61	153.1	0.19	0.16	8	0.29
DT12-84	10	7.38	156	3.42	462	<0.01	330	4531	15.35	490	1053	2.72	1767	0.68	756.8	167.2	293.2	N.D	N.D	N.D	N.D
DT12-85	120	9.73	96	1.98	204	<0.01	187	1957	5.83	181	463.8	17.59	662.4	13.12	567.5	8.413	42.26	0.01	<0.01	1	0.8
DT12-86	80	8.4	136	1.29	1290	<0.01	1032	1377	20.56	639	348.1	1.8	7.8	1.84	351.8	6.35	18.08	0.36	0.09	4	0.85
DT12-87	12	7.76	41	1.6	1041	4.5	888	6569	16.65	751	1885	21.51	2021	6.47	1363	140.6	380.5	0.21	0.09	5	0.75
DT12-89	10	7.73	27	2.63	309	47.15	237	4088	5.45	791	1158	13.52	911.8	79.37	910.1	64.73	157.4	0.32	0.07	<1	0.05

注：表中pH值无量纲，Eh单位为mV，总碘、碘酸根、碘离子和HS^-浓度单位为μg/L，其余组分浓度单位均为mg/L，N.D表示未检出。

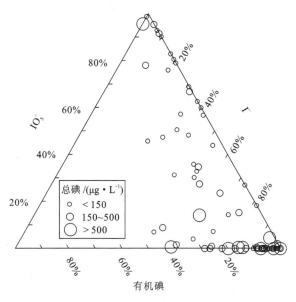

图 3.2 地下水中碘形态三线图

FA 分析结果见表 3.2，根据 Kaiser 准则所提取的 5 个因子解释了所有数据量的 75.3%。F1 解释了 33.2% 的数据量，其中 EC、Br、Cl^-、SO_4^{2-}、Na^+、Ca^{2+} 和 Mg^{2+} 所占比重较大，这说明大同盆地地下水化学组分受干旱/半干旱气候的蒸发量及地表岩盐溶解影响较大。盆地中心的农业活动如季节性灌溉较为频繁，前期研究表明，周期性灌溉造成地表盐碱地岩盐溶解入渗到浅层地下水中（Xie et al.，2012）。F2 占总方差的 17.8%，F2 以总碘、碘离子、DOC 和 HCO_3^- 为主，为碘因子，这表明，地下水中碘的主要赋存形态是碘离子，而 DOC 和 HCO_3^- 的高负荷说明高碘地下水的赋存同有机质有关。F3 占总方差的 12.2%，其中 $Fe_总$、HS^- 和 NH_4^+ 为正荷载，Eh 和 DO 为负荷载，它们是氧化还原条件因子，如前所述，在区域地下水系统还原条件下，硝酸盐异化还原和硫酸盐还原是控制地下水系统氧化敏感组分的主要过程。

表 3.2　方差最大旋转 R 型因子载荷矩阵

变量	F1	F2	F3	F4	F5
总碘	0.199	**0.810**	0.028	0.388	−0.197
碘离子	0.106	**0.779**	0.013	0.336	−0.254
有机碘	0.319	0.363	−0.041	0.600	−0.256
井深	−0.366	−0.198	0.098	**0.749**	0.122
DOC	0.043	**0.877**	−0.003	−0.156	0.220

表3.2(续)

变量	F1	F2	F3	F4	F5
pH值	−0.348	0.340	0.154	0.548	0.175
EC	**0.926**	0.281	−0.093	−0.062	0.036
Eh	0.127	0.109	**−0.864**	−0.080	0.027
DO	−0.065	−0.189	**−0.638**	−0.100	0.212
$Fe_总$	−0.072	−0.064	**0.675**	−0.102	−0.138
HS^-	−0.088	0.004	**0.663**	−0.011	0.323
NH_4^+	0.046	0.005	**0.725**	0.543	0.083
HCO_3^-	0.212	**0.894**	−0.037	−0.148	0.098
Br^-	**0.766**	0.462	−0.006	0.253	−0.142
Cl^-	**0.961**	0.131	−0.018	−0.013	−0.057
NO_3^-	0.325	0.073	−0.202	−0.226	0.562
SO_4^{2-}	**0.922**	0.143	−0.090	−0.068	−0.013
K^+	0.212	0.037	−0.021	−0.200	**−0.634**
Na^+	**0.825**	0.457	−0.075	−0.015	0.030
Ca^{2+}	**0.780**	−0.301	−0.005	−0.184	−0.134
Mg^{2+}	**0.946**	−0.045	−0.030	−0.133	0.043
特征值	6.969	3.741	2.557	1.427	1.108
方差	33.2%	17.8%	12.2%	6.8%	5.3%
总计方差	33.2%	51.0%	63.2%	70.0%	75.2%

注：表中加粗数字表示该组分在该因子中具有较高贡献率，即绝对值大于0.6。

3. 荧光特性和PARAFAC分析

区域水文地质剖面地下水样品的溶解性有机质EEM特征如图3.3所示。盆地中心地下水样品DT12-64的DOM含量及荧光强度均明显高于两侧边山及径流区地下水样品。对所有地下水样品EEM完成PARAFAC分析，结果如图3.4所示，四组分的荧光及组分组成特征如表3.3所示，C1和C2组分荧光特征同前人所报道的陆源类腐殖酸峰相符(Stedmon et al.,2005;Holbrook et al.,2006;Singh et al.,2010)。C2和C1

组分具有相似的荧光光谱,但有蓝色偏移。Cory 等(2005)发现 C3 波长特征类似于还原性类醌组分,其激发波(Ex)波长为 280 nm,发射波(Em)波长为 482 nm。根据 Ex/Em 特征可以看出,C4 组分以地表水和/或生物活性物质产生的色氨酸和生物活性物质为主(Holbrook et al.,2006;Singh et al.,2010)。

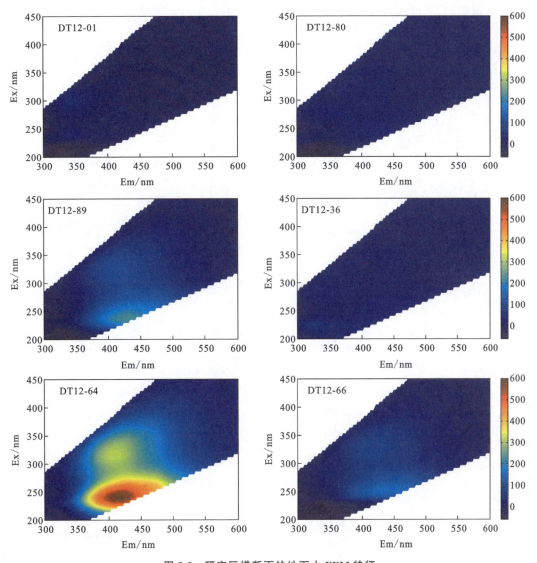

图 3.3　研究区横断面的地下水 EEM 特征

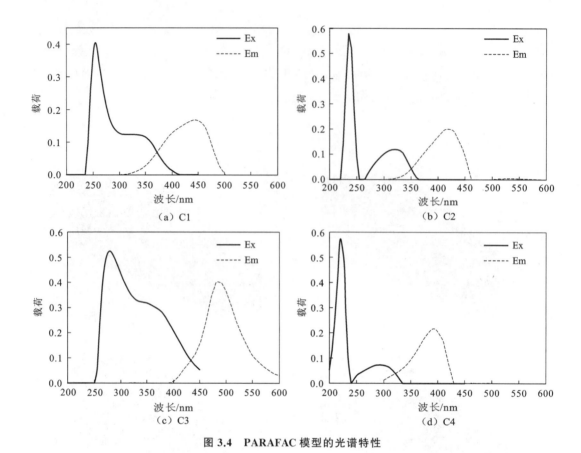

图 3.4　PARAFAC 模型的光谱特性

表 3.3　PARAFAC 模型的 Ex/Em 波长及组分组成特征

组分	Ex/Em		特征及参考文献
C1	255 nm/442 nm	陆源类腐殖质	<250 nm/440 nm(Singh et al.,2010)
			240 nm/456 nm(Holbrook et al.,2006)
			250 nm(360 nm)/440 nm(Stedmon et al.,2005)
C2	235 nm(320 nm)/420 nm	类腐殖质	<240 nm/416 nm(Stedmon et al.,2003)
C3	280 nm/482 nm	还原性类醌组分	SQ1:270 nm/462 nm(Cory et al.,2005)
C4	220 nm(295 nm)/390 nm	非腐殖类,生物成因组分	<250 nm(285 nm)/395 nm(Singh et al.,2010)
			240 nm(305 nm)/396 nm(Holbrook et al.,2006)

雨水 DOM 荧光特征如图 3.5 所示。雨水的 EEM 只包含一个峰,其最大激发波长与发射波长分别为 235 nm 和 400 nm,同盆地中心地下水样品的 EEM 相类似,此峰与腐殖酸峰相对应,指示陆源有机组分。

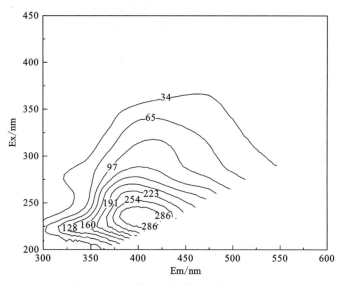

图 3.5 大同盆地雨水样品 EEM 特征

4. 地下水碘形态组成的主控因素

虽然碘离子、碘酸根离子和有机碘在大同盆地地下水中均赋存,但 FA 及形态分析结果均表明,碘离子是地下水中碘的主要形态(图 3.2、表 3.2)。前人基础研究表明,水体中非生物的氧化还原过程和/或有机碘化合物的生物降解过程,可造成碘的形态转化,进而影响其迁移释放过程(Amachi,2008;Fox et al.,2009;Gallard et al.,2009;Otosaka et al.,2011;Allard et al.,2013)。在自然条件下,碘离子很难被氧化为碘酸根离子,该反应需要产生碘单质作为中间产物。从热力学角度分析,此反应在偏碱性溶液中也很难发生(Wong et al.,1977;Wong,1991)。相反,碘酸根离子的还原反应在适合的自然条件下却可以发生(Farrenkopf et al.,2002;Wong et al.,2002;Amachi et al.,2007a;Steinberg et al.,2008a)。因此可推测,碘离子的氧化反应并不是大同盆地地下水中碘酸根离子的主要来源。已有研究表明,土壤和沉积物中碘的主要形态也包括碘离子、碘酸根离子及有机碘(Kodama et al.,2006;Schlegel et al.,2006;Yamaguchi et al.,2010)。Kodama 等(2006)利用 XANES 和连续提取技术,发现固相中的碘主要以有机碘和碘酸盐及少量碘化物的形态存在。而且有机碘的吸附分配系数大于碘酸盐(Schwehr et al.,2009;Hu et al.,2012)。因此,在有机碘化合物降解过程中,一些新形成的分子量较低的有机碘会被优先吸收到有机质或一些金属氧化物中,而活性较高的碘酸盐比有机碘优先释放到地下水中。

从 PARAFAC 分析的结果以及雨水和地下水的 EEM 特征可看出,大同盆地地下水系统中陆生沉积环境占主导地位。碘的 pH-Eh 相图结果表明,从热力学理论考虑,碘离子是大同盆地地下水碘的主要形态(同实际测试观测相一致,图 3.6)。但值得注意的是,部分地下水中碘以碘酸根离子为主,可能与天然较复杂的地下水环境有关。在水生环境中,碘的赋存形态主要受水化学组成、pH 值、Eh 和有机组分等参数影响控制(Hou et al.,2009;Otosaka et al.,2011)。

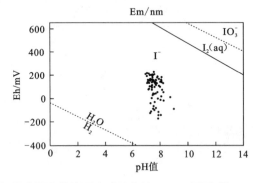

图 3.6　25 ℃ 下大同盆地地下水碘形态的 pH-Eh 相图(据 Hou et al.,2009)

前人研究结果表明,pH 值在控制水体系统中碘迁移和碘形态间转换方面起着非常重要的作用(Steinberg et al.,2008b;Allard et al.,2009;Otosaka et al.,2011)。大同盆地地下水 pH 值变化范围在 7.2～9.32 之间(表 3.1)。FA 的提取结果显示 pH 值不隶属于任何因子,表明 pH 值与其他水化学参数之间关系并不明显(表 3.2)。图 3.7(a)为 pH 值同地下水中碘形态的关系图,从图中可以看出,大多数高碘地下水样品的 pH 值大于 8.0,这表明弱碱性环境有利于地下水中碘的富集。前人研究表明,pH 值可能会影响有机物和金属氧化物表面正电荷的数量,进而影响地下水中碘的赋存(Li et al.,2013)。随着 pH 值的升高,可用于碘吸附的键位逐渐减少,促使碘从沉积物向地下水中迁移。

研究区地下水 Eh 值变化范围较大,为 −170～224 mV(表 3.1)。水化学特征、FA 和 PARAFAC 模型的结果表明,研究区含水层以弱还原环境为主,且发生多个氧化还原反应,如铁的还原性溶解、硫酸盐还原、硝酸盐异化还原等(表 3.1、表 3.2)。图 3.7(b)为地下水氧化还原电位与碘形态赋存关系图,从图中可以看出,地下水中氧化还原条件是地下水碘赋存形态的主控因素。当 Eh 值小于 −50 mV 时,碘离子是地下水中碘的唯一形态,而碘酸根离子占比随还原环境逐渐演变至弱氧化及氧化环境而逐渐增大。在氧化环境下,部分样品中碘主要以碘酸根离子形态赋存。基于区域氧化还原电位,可将其分为 3 组:组Ⅰ为氧化条件,Eh 值大于 70 mV;组Ⅱ为弱还原/氧化条件,Eh 值在

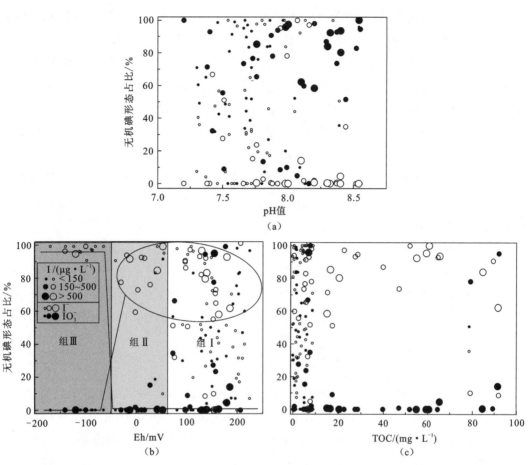

图 3.7 pH 值(a)、Eh(b)及 TOC(c)与大同盆地地下水样品中碘形态关系图

−50～70 mV 之间;组Ⅲ为强还原环境,Eh 值小于−50 mV。大多数地下水样品都属于组Ⅰ,其碘浓度为 6.2～1380 μg/L,补给区和径流区样品多分布于组Ⅰ,图 3.7(b)表明,在氧化条件下,碘酸根离子的浓度逐渐升高,但碘离子仍是大多数地下水样品中碘的主要存在形态。土壤矿物及有机质对碘离子的亲和力最低(Dai et al.,2004,2009)。山前平原和冲洪积扇主要由大量可渗透性粉砂、砂土和砾石组成,垂向补给冲刷较为明显,低亲和力的碘离子易赋存于该区地下水中。在组Ⅰ中(除 5 个极端点 DT12-13、DT12-61、DT12-66、DT12-67 和 DT12-79 之外),碘酸盐也是高碘地下水中碘的主要赋存形态[图 3.7(b)]。值得注意的是,这 5 件样品中 NO_3^- 浓度均较高(46.2～339.1 mg/L,中值:296.1 mg/L)。前人研究表明,一些兼性厌氧菌,如硝酸盐异化还原菌,可在硝酸盐浓度较高时将碘酸盐和硝酸盐作为电子受体,将碘酸根离子还原为碘离子(Tsunogai et al.,1969;Amachi et al.,2007b)。

组Ⅱ包括 15 件地下水样品,其碘浓度在 36.0～1040 μg/L 之间,碘酸根离子浓度明显低于组Ⅰ地下水样品,NO_3^- 的浓度(<0.01～52.24 mg/L,中值:4.97mg/L)也明

显低于组Ⅰ的地下水样品。随着地下水环境完全变为还原条件,在组Ⅲ地下水样品中几乎检测不到碘酸根离子,碘离子成为地下水中碘的唯一赋存态[图3.7(b)]。这些地下水样品中NO_3^-浓度明显较低(0.31~1.34 mg/L)。根据地下水系统中多种氧化还原对序列推测,厌氧菌可先利用硝酸盐作为电子受体直到硝酸盐耗尽,之后在弱氧化环境(Eh<70 mV)中,利用碘酸盐作为电子受体,进而还原碘酸根离子(Rivett et al.,2008)。已有实验表明,在厌氧条件下,还原菌可利用碘酸盐作为宿主,有机碳为电子供体(Amachi et al.,2007;Amachi,2008)。

盆地中心区的地下水样品中DOC均较高(表3.1,图3.3)。DOC与碘形态关系图[图3.7(c)]表明两者之间无明显相关性。从表3.1可看出,所采集的82件地下水样品中有9件地下水样品有机碘浓度高于100 μg/L。这些样品(除了DT12-48)中DOC含量也较高,其Eh变化范围为−2~185 mV,这表明,碘离子(含极少的碘酸盐)为碘的主要赋存态。有研究表明,铁锰氧化物矿物存在时,碘氧化菌可将某些碘化物优先氧化为碘单质,碘单质易与有机物发生反应形成有机碘化合物(Amachi et al.,2005a;Hu et al.,2005;Steinberg et al.,2008a,2008b;Allard et al.,2009;Dai et al.,2009)。

5. 有机物对碘迁移的重要性

盆地中心的地下水样品通常DOM浓度较高,以陆源DOM为主(图3.4、表3.3)。大量实验研究表明,腐殖质,如黄腐酸和腐殖酸对水体中碘具有重要影响(Hansen et al.,2011;Radlinger et al.,2000;Steinberg et al.,2008a)。在所采集的82件地下水样品中,碘与DOC具有一定的正相关关系($r=0.59$),且DOC和总碘分布在FA同一因子中(表3.2),表明地下水系统中碘的迁移与天然有机物有关。天然有机物会通过吸收/吸附作用或一些微生物活动控制碘的地球化学行为。先前的研究表明碘可稳定赋存于富含有机物的沉积物中(Rädlinger et al.,2000;Shimamoto et al.,2011)。沉积物中的有机物可与碘形态转化的中间产物碘单质相结合,进而至地下水系统中参与碘循环。上一章中,大同盆地沉积物连续提取结果表明沉积物中有机碘占固相总碘的一定比例,且占比随有机物含量的增加而升高。沉积物中有机物的含量和类型可能会影响金属氧化物/氢氧化物矿物的吸附性能,两者的复合态构成大同盆地沉积物中碘的主要赋存介质。在有机物存在的情况下,低结晶态铁氧化物/氢氧化物可稳定赋存,促进碘的吸附(Eusterhues et al.,2008)。除碘的非生物影响过程之外,微生物活动也有望成为推动地下水中碘迁移的重要过程(Amachi et al.,2005a,2005b;Arakawa et al.,2012)。从PARAFAC模型中提取的C4组分反映出生物源DOM(表3.3)。前人关于大同盆地的研究结果也表明,多种土著的微生物菌株,如铁还原菌等,广泛赋存于大同盆地地下水系统中。微生物代谢过程可促进铁氧化物/氢氧化物的还原溶解和有机碘的生物降解,促使固相介质碘迁移释放到地下水中。在此过程中,碘酸根离子可扮演电子受体,得到电子还原为碘离子,稳定赋存并富集于地下水中。

三、本章小结

大同盆地地下水中碘的浓度范围在 6.2～1380 μg/L 之间,其中有 47% 的样品超过 150 μg/L。高碘地下水主要存在于桑干河附近的冲积平原区域。FA 结果表明:①蒸发浓缩是控制浅层地下水水化学组成的主要过程;②总碘、碘离子和 DOC 分布于同一因子中,表明地下水碘的主要形态为碘离子,且与有机物具有一定的相关性。EEM-PARAFAC 模型的结果表明,地下水 DOM 以中陆源为主,同时有微生物源有机质。地下水碘酸根主要在氧化条件的地下水中检出,且随地下水氧化还原环境向氧化偏移,其占总碘的比率逐渐升高,在弱还原及强还原环境中,地下水碘以碘离子为主。地下水系统氧化还原环境是影响与控制地下水中碘赋存形态的主要因素。碘的迁移转化及富集程度依赖于其赋存形态,而碘的形态间转化则受含水层中的有机物及微生物活动影响与控制。

第四章

大同盆地灌溉活动对浅层碘富集的影响

前期研究结果表明,大同盆地高碘地下水在水平方向上主要赋存于盆地中心排泄区,在垂直方向上,主要赋存于浅层(≤20 m)及中深层(≥60 m)地下水中。盆地中心区域,季节性农业活动、周期性灌溉活动较为频繁,以桑干河上游东榆林水库为主要灌溉水源。为更明确盆地范围内地下水流场及垂直方向上人为农业活动对地下水中碘赋存的影响,本章利用多种稳定同位素完成相关过程的表征。

在确定地下水补给的过程中,氢氧稳定同位素作为天然示踪剂已被广泛应用于气象、水文和水文地质等研究中(Stichler et al.,2008;Schiavo et al.,2009;Peng et al.,2010)。同时,氢氧稳定同位素已应用于不同水系统间,如海水-地下水(Schiavo et al.,2009)、湖泊(Halder et al.,2013)、地表水-地下水(Liu et al.,2012)相互作用的指示研究中。由于硅酸盐中 Cl 含量较低,而在蒸发浓缩作用下液相易产生较高的 Cl 浓度,因而 Cl/Br 摩尔比及 δ^{37}Cl 同位素也被广泛用于盐度、流体源和流场示综中(Amundson et al.,2012;John et al.,2011;Richard et al.,2011)。通常,微生物过程会影响生源要素(如 C,N,O 和 S 等)的同位素分馏,而无机 Cl 常不参与微生物过程(Stewart et al.,2004)。无机 Cl 的浓度和同位素分馏主要受扩散(Eggenkamp et al.,2014)、离子过滤(Stotler et al.,2010)、混合(John et al.,2011)和水岩相互作用(Schauble et al.,2003)影响。在孔隙水中,扩散过程通常被认为是影响稳定 Cl 同位素分馏的主要因素。离子过滤过程主要发生在黏土含量较高的区域。例如,Stotler 等(2010)认为 δ^{37}Cl 值显著变化的原因是蛇纹岩的离子过滤。Richard 等(2011)使用 Cl 稳定同位素确定了海洋的起源,以及岩盐溶解盐水的混合物和大规模海水蒸发形成的矿卤水。对于内陆盆地地下水,少有学者研究 Cl 稳定同位素的组成并运用多种环境同位素刻画地下水流场。因此,本章研究的主要目的有如下几点:①查明地下水系统中稳定同位素 ^{2}H、^{18}O、^{87}Sr/^{86}Sr 和 ^{37}Cl 的组成,刻画区域地下水流场;②刻画区域灌溉垂向入渗对浅层地下水的影响与贡献;③查明造成碘在浅层地下水中发生富集的主控水文地球化学过程,以期深入分析研究区内浅层原生高碘地下水的成因机理。

一、样品采集与测试分析

1. 样品采集

2013 年 8 月,研究小组针对盆地中心原生高碘地下水赋存区,共采集 32 件地下水样品、2 件上游水库水样及 2 件盐渍土样(图 4.1)。现场采样步骤及测试分析手段均与第三章测试分析部分相同。地下水样品中 Br 含量采用 ICP-MS 测试分析。

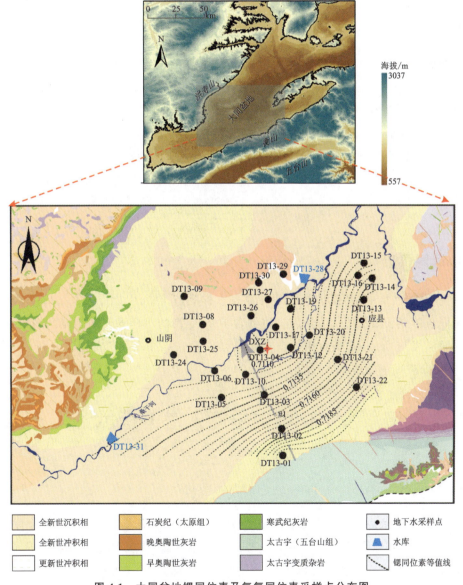

图 4.1　大同盆地锶同位素及氢氧同位素采样点分布图

根据采样井结构可将地下水样品分为两种类型：单层承压水和混合水。

盐渍土中水溶性的 Cl^- 和 Br 浓度分析方法为将去离子水与土壤按体积∶质量＝10∶1 充分混合振荡 24 h，分别用 IC 和 ICP-MS 进行水溶态 Cl^- 和总 Br 的测试分析。

2. 氢氧同位素

对 32 件地下水样品 $\delta^{18}O$ 和 δ^2H 特征进行测定（表 4.1）。氢氧稳定同位素的测试分析是使用质谱仪在中国地质大学（武汉）生物地质与环境地质国家重点实验室进行的。δ^2H 和 $\delta^{18}O$ 的分析精度分别为 ±1.0‰ 和 ±0.1‰。

3. 氯同位素

基于水样 Cl^- 浓度，选取 2012 年采集的 30 件地下水样品，在中国科学院青海盐湖研究所使用（VG354）热电离质谱仪完成 $\delta^{37}Cl$ 比值的测定。测试前，将地下水样品通过不同的阳离子交换柱，先通过 Ca 和 Ba 离子树脂，分别去除 F 和硫酸盐，然后与 Cs 生成 CsCl 溶液，干燥后涂上石墨辅助电离。借用 ^{35}Cl 和 ^{37}Cl 质量数差异所造成的 $^{170/168}(Cs^{237}Cl^+/Cs^{235}Cl^+)$ 差异完成 Cl 同位素的测试分析。分析重现性为 ±0.13‰，基于标准平均海洋氯化物（SMOC），$\delta^{37}Cl$ 比值计算式（4-1）如下。该方法具体细节可参考 Xiao 等（1992）的文章。

$$\delta^{37}Cl_{Sample} = \left[\frac{(^{37}Cl/^{35}Cl)_{Sample}}{(^{37}Cl/^{35}Cl)_{SMOC}} - 1\right] \times 10^3 \tag{4-1}$$

4. 锶同位素

研究小组对 24 件地下水样品、2 件地表水样品、7 件沉积物样品及 3 件基岩样品完成了锶同位素的测试分析。测试前，将约含 100 ng 锶的水样通过装有 Eichrom Sr Spec 树脂的阳离子交换柱，分离后用热电离同位素质谱仪（TIMS）完成测试分析，在分析过程中，NBS 987 标样 $^{87}Sr/^{86}Sr$ 值为 0.710 24。

二、同位素及水化学对垂向入渗的指示

1. 氢氧同位素

地下水及地表水氢氧同位素组成如表 4.1 所示。氢氧同位素变化范围分别为 −90.2‰ ~ −55.6‰ 及 −12.1‰ ~ −6.5‰。图 4.2 中包含了全球大气降水线（GMWL）、当地大气降水线（LMWL）以及所采集样品的拟合曲线，研究区拟合曲线落

表 4.1 大同盆地地下水水化学及同位素组成特征

ID	采样类型	水化学类型	深度/m	$\delta^{44}Ca$	2σ	n	方解石饱和指数	白云石饱和指数	$^{87}Sr/^{86}Sr$	σ	$T/℃$	pH值	DOC/(mg·L^{-1})	EC/(μS·cm^{-1})	总碘/(μg·L^{-1})	Cl/Br摩尔比	NO_3^-/(mg·L^{-1})
DT13-01	—	Ca-HCO$_3$	—	−0.14	0.099	3	1.190 7	2.190 0	0.721 381	0.000 566	—	8.59	3.15	537	17.5	2244	24.91
DT13-28	上游水库水	Ca-SO$_4$	—	0.35	0.080	3	0.921 7	1.949 5	0.710 344	0.001 041	30.0	8.53	23.54	886	90.3	501	<0.01
DT13-31	上游水库水	Ca-SO$_4$	—	0.44	0.057	3	0.964 5	1.925 0	0.710 238	0.000 707	—	8.63	11.08	693	64.2	569	7.10
DT13-02	混合水	Ca-SO$_4$	60	0.00	0.028	2	0.649 9	1.090 7	0.717 281	0.000 826	11.3	7.30	2.67	1542	75.9	357	<0.01
DT13-08	混合水	Mg-Cl	52	−0.02	0.057	2	0.512 6	2.086 5	0.710 954	0.000 548	10.4	7.44	15.59	9231	1030	739	711.6
DT13-09	混合水	Na-HCO$_3$	48	−0.31	0.007	2	0.354 1	1.004 0	0.711 429	0.003 227	11.1	7.97	1.96	655	79	106	27.66
DT13-13	混合水	Na-HCO$_3$	50	−0.12	0.007	2	0.677 1	1.824 6	0.716 679	0.000 565	11.6	7.88	4.52	2151	201	226	9.43
DT13-14	混合水	Na-HCO$_3$	70	0.09	0.085	2	0.642 0	1.627 2	0.715 745	0.000 930	11.3	7.76	3.43	1340	96.1	360	4.80
DT13-15	混合水	Na-Cl	20	0.03	0.071	2	0.733 2	2.150 3	0.714 182	0.000 647	10.9	8.01	4.36	3117	637	1062	<0.01
DT13-17	混合水	Na-SO$_4$	28	0.07	0.000	3	0.656 3	1.705 5	0.710 905	0.001 213	12.0	7.28	12.92	8812	143.1	1295	547.6
DT13-19	混合水	Mg-HCO$_3$	20	0.29	0.141	2	0.438 7	1.662 2	0.710 885	0.001 175	11.1	7.70	3.70	1715	31.1	2165	253.4
DT13-20	混合水	Na-Cl	20	0.23	0.078	2	0.942 1	2.723 3	0.715 950	0.000 786	12.0	8.07	37.13	8675	2175	435	69.49
DT13-21	混合水	Na-HCO$_3$	25	−0.07	0.057	2	0.626 8	1.891 0	0.715 053	0.000 583	12.4	8.03	2.79	1200	151	923	39.83

表4.1(续)

ID	采样类型	水化学类型	深度/m	$\delta^{44}Ca$	2σ	n	方解石饱和指数	白云石饱和指数	$^{87}Sr/^{86}Sr$	σ	T/℃	pH值	DOC/(mg·L^{-1})	EC/(μs·cm^{-1})	总碘/(μg·L^{-1})	Cl/Br摩尔比	NO_3^-/(mg·L^{-1})
DT13-22	混合水	Ca-HCO₃	30	−0.07	0.007	2	0.460 8	1.023 2	0.718 699	0.001 077	11.8	7.81	3.09	1046	21.1	1476	<0.01
DT13-23	混合水	Ca-HCO₃	60	0.18	0.071	4	0.552 9	1.126 6	0.721 551	0.000 700	12.1	7.75	1.53	540	14.4	526	4.27
DT13-24	混合水	Mg-Cl	30	0.04	0.035	2	0.321 1	1.263 0	0.711 423	0.000 410	11.2	7.26	4.43	2649	17.4	887	295.9
DT13-26	混合水	Na-HCO₃	16	0.03	0.099	2	0.448 2	1.525 5	0.709 793	0.000 803	11.3	8.10	2.22	1164	125	461	60.49
DT13-27	混合水	Na-Cl	30	0.19	0.014	2	0.873 7	2.611 1	0.710 599	0.000 571	13.1	7.63	17.23	10 339	439.4	1365	<0.01
DT13-29	—	Mg-HCO₃	—	−0.07	0.028	2	0.420 3	1.678 2	0.710 392	0.000 781	—	8.29	2.71	838	18.8	753	8.19
DT13-30	混合水	Na-NO₃	35	−0.27	0.000	2	0.309 0	1.147 9	0.708 722	0.000 939	13.1	7.91	2.19	1409	30.9	934	285.8
DT13-04	单层承压水	Na-HCO₃	75	−0.05	0.007	2	0.196 4	1.428 1	0.710 464	0.000 893	11.7	8.30	38.08	1689	934	125	<0.01
DT13-05	单层承压水	Na-HCO₃	25	−0.02	0.064	3	0.422 5	1.535 4	0.712 463	0.000 541	13.4	7.96	5.48	1422	175	571	<0.01
DT13-10	单层承压水	Na-HCO₃	19	0.02	0.071	2	0.517 6	1.706 2	0.711 471	0.000 602	11.8	8.28	7.56	1940	479	450	<0.01
DT13-12	单层承压水	Na-HCO₃	52	0.04	0.042	2	0.280 1	1.655 8	0.710 696	0.000 563	11.3	8.53	26.95	1505	151	140	<0.01
DT13-16	单层承压水	Na-HCO₃	18	0.13	0.049	2	0.563 7	1.923 5	0.714 771	0.000 572	11.0	8.13	7.29	3009	50.1	2949	21.72
DT13-25	单层承压水	Na-SO₄	—	−0.08	0.042	2	0.954 0	2.543 0	0.710 667	0.000 775	16.3	8.93	2.02	3034	158	316	<0.01

在全球大气降水线及当地大气降水线下方,表明大同盆地地下水受一定程度蒸发浓缩作用影响。除此之外,所有地下水氢氧同位素组成均落入当地大气降水线周围,表明大同盆地的地下水主要补给来源为大气降水。

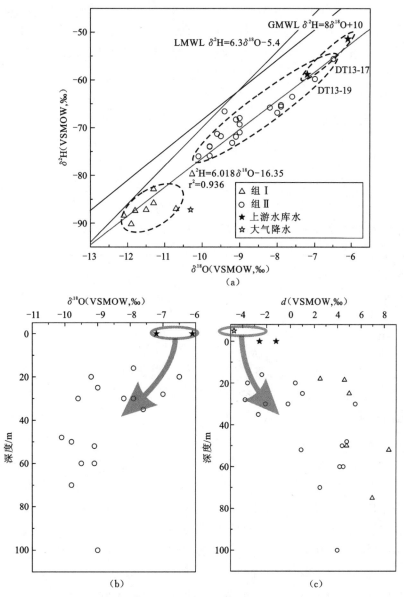

图 4.2 大同盆地氢氧同位素组成特征(a)及氧同位素(b)、d 值垂向分布图(c)

所有地下水按氢氧同位素变化特征可分为两组:组Ⅰ富集轻同位素,其氢氧同位素变化范围分别为 −90.2‰ ~ −82.9‰ 及 −12.1‰ ~ −10.7‰;组Ⅱ相对富集重同位素,其氢氧同位素变化范围分别为 −76.0‰ ~ −55.6‰ 及 −10.1‰ ~ −6.5‰。上游水库水的氢氧同位素组成明显重于研究区地下水,其氢氧同位素比值分别为 −76.0‰、

−55.6‰及−10.1‰、−6.5‰。三者氢氧同位素组成表明，地表水在灌溉过程中可垂向补给地下水，使得浅层地下水中相对富集重同位素[图4.2(b)]。大气降水氢氧同位素组成为−87.2‰及−10.31‰，从图4.2(a)可以看出，大气降水同位素组成重于深层地下水，表明大气降水在降落补给当地地下水的过程中伴随有一定程度的蒸发浓缩作用。

基于大同盆地氢氧同位素组成特征，我们建立了垂向二端元混合模型，假设在盆地周期灌溉活动中，上游水库水补给浅层地下水，混合模型见式(4-2)、式(4-3)。

$$\delta^{18}O_{II} = \delta^{18}O_I \times R_I + \delta^{18}O_{RW} \times R_{RW} \quad (4\text{-}2)$$

$$R_I + R_{RW} = 1 \quad (4\text{-}3)$$

式中，R_I及R_{RW}分别为组Ⅰ地下水和上游水库水混合后所占比重，$\delta^{18}O_{RW}$(−6.65‰)及$\delta^{18}O_I$(−11.5‰)分别为上游水库水及组Ⅰ地下水氢氧同位素比值的平均值。二端元混合模型计算结果表明，组Ⅱ地下水接受地表水库水补给比例为29%~93%，补给比例随井深的增加逐渐降低，说明大同盆地浅层地下水明显受地表水库水补给影响。但二端元混合模型并未考虑大气降水的直接入渗补给，从图4.2(a)可以看出，大气降水的氢氧同位素组成明显重于组Ⅱ部分地下水样品，这表明，大气降水的直接入渗补给也可导致地下水氢氧同位素相对富集重同位素。图4.2(c)中d值垂向分布，大气降水的直接补给使得两个偏移点的d值小于地表水。因此，上述二端元混合模型在一定程度上使得计算结果过多估计地表水对浅层地下水的影响程度。

2. Cl/Br摩尔比

Cl/Br摩尔比是探究水体盐分来源及迁移过程常用的水文地球化学过程指标，已广泛用于刻画蒸发浓缩、岩盐溶解及海水入侵等水文地球化学过程，(Cartwright et al.，2006；Tweed et al.，2011；Xie et al.，2012)。大同盆地地下水样品的Cl/Br摩尔比结果见表4.1。与中深层地下水相比，浅层地下水中Cl/Br摩尔比变化范围较大[图4.3(a)]。盆地中心土壤盐渍化在大同盆地较为普遍，其水溶态Cl/Br摩尔比为3234，明显高于地下水样品[图4.3(a)]。氢氧同位素结果表明，区域农业活动周期灌溉过程可导致上游水库水入渗补给浅层地下水。因此，在垂向补给过程中，灌溉水会冲洗地表盐渍土，从而使入渗水Cl/Br摩尔比值快速升高。该过程可能是造成浅层地下水Cl/Br摩尔比升高的原因[图4.3(b)(c)]。假设：①大同盆地地表灌溉水体积和盐渍土质量比值为10∶1(v/w)；②基于氢氧同位素拟合结果，50%浅层地下水由上游水库水入渗补给，因此，可建立水库水盐渍土冲刷计算模型，如图4.3(b)(c)所示。水库水Cl/Br摩尔比值为569，拟合结果表明，仅2%盐渍土岩盐溶解进入浅层地下水，即地下水Cl/Br摩尔比值升至1900以上，10%输入可导致地下水Cl/Br摩尔比接近盐渍土。因此，浅层地下水中Cl/Br摩尔比值迅速增加的主要原因是地表岩盐的溶解。

部分地下水样品Cl/Br摩尔比随Cl^-浓度升高而升高[图4.3(b)]。这表明除地表岩盐溶解入渗外，它们还受强烈的蒸发浓缩作用影响，研究区所有地下水岩盐均处于非

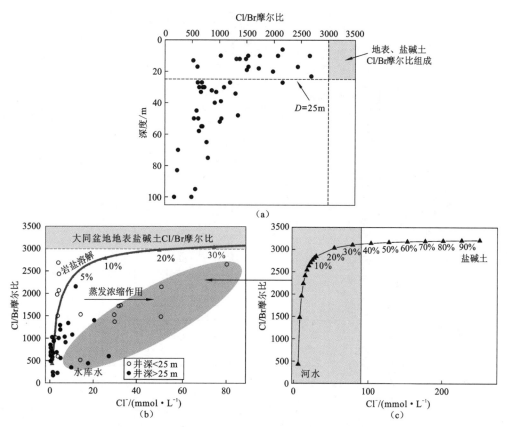

图 4.3 地下水 Cl/Br 摩尔比垂向分布特征(a)、大同盆地地下水样品中 Cl⁻ 的浓度和 Cl/Br 摩尔比关系图(b)(c)

注:图中曲线模拟了盐渍土中岩盐溶解的过程(Cl/Br 摩尔比值为 3234,Cl⁻浓度为 502 mmol/L),以及上游水库水(Cl/Br 摩尔比值为 436,Cl⁻浓度为 1.13 mmol/L)。

饱和状态,因此强烈的蒸发浓缩作用不会改变 Cl/Br 摩尔比值,但可导致地下水中 Cl⁻发生浓缩,含量升高(Cartwright et al.,2006)。

3. 锶同位素组成

如表 4.1 所示,地下水中锶同位素 $^{87}Sr/^{86}Sr$ 比值变化范围为 0.708 722～0.721 551,高值主要位于盆地边界,低值均分布于盆地中部,其空间分布特征见图 4.1,结果表明盆地范围内地下水水流流向为东南部到盆地中心。为进一步明确大同盆地地下水中锶同位素演化特征,选取代表性钻孔沉积物完成锶同位素测试分析,结果见表 4.2。盆地中心钻孔沉积物 $^{87}Sr/^{86}Sr$ 比值变化范围为 0.711 072～0.716 122,地下水样品 DT13-04 采集于该钻孔深度 75 m 的含水层中,$^{87}Sr/^{86}Sr$ 比值为 0.710 464。地下水 $^{87}Sr/^{86}Sr$ 比高值区位于盆地边山同区域基岩较高的锶同位素比特征($^{87}Sr/^{86}Sr$:0.740 944)相一致,表明盆地范围内地下水中锶同位素在水岩相互作用下主要受周围沉积物影响。

表 4.2 大同盆地沉积物锶同位素组成

编号	岩性	深度/m	$^{87}Sr/^{86}Sr$	总碘/(mg·kg^{-1})	TOC/%	SiO_2/%	CaO/%	Al_2O_3/%	Fe_2O_3/%	MgO/%	Na_2O/%	K_2O/%	MnO/%	P_2O_5/%	TiO_2/%
DXZ-02	青灰色淤泥	8.5	0.713 191	0.424	0.33	61.66	7.37	11.14	3.97	2.30	1.87	2.22	0.06	0.14	0.57
DXZ-06	青灰色黏土	15.2	0.711 072	1.310	5.22	28.57	29.01	7.30	3.09	2.08	0.56	1.21	0.08	0.11	0.36
DXZ-17	灰色粉土	32.6	0.712 233	0.529	1.59	53.23	13.08	10.05	4.09	2.20	1.25	1.95	0.09	0.16	0.50
DXZ-29	深灰色细砂	55.6	0.716 122	0.127	0.50	61.6	6.23	12.08	4.32	2.04	1.56	2.45	0.06	0.11	0.73
DXZ-40	灰色粉土	72.1	0.714 724	0.423	0.06	59.98	7.45	12.30	4.42	2.42	1.73	2.41	0.10	0.16	0.61
DXZ-52	灰色黏土	90	0.712 990	0.727	2.10	42.54	13.29	13.48	5.73	3.58	0.77	2.38	0.11	0.19	0.59
DXZ-62	灰色粉土	108	0.715 239	0.184	0.06	67.26	5.03	10.88	3.61	1.79	1.76	2.2	0.05	0.09	0.66

选取代表性剖面(♯1,图 4.1),沿地下水流向,地下水中 $^{87}Sr/^{86}Sr$、EC、总碘、Sr、HCO_3^-、DOC 变化趋势见图 4.4。从图 4.4(a)可以看出,沿地下水流向,地下水锶同位素含量呈明显递减趋势。同时分布于剖面上的 5 件地下水样品 EC 变化范围为 437～1940 μS/cm,明显低于盆地中心盐化地下水(EC＞3000 μS/cm),这表明沿剖面♯1 地

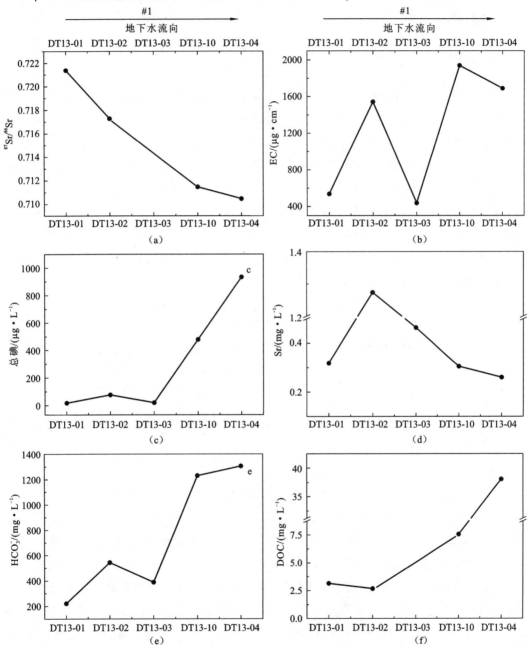

图 4.4 剖面♯1 沿地下水流向 $^{87}Sr/^{86}Sr$ (a)、EC (b)、总碘含量 (c)、Sr 含量 (d)、HCO_3^- 含量(e)、DOC 含量(f)变化趋势

下水水化学组成主要受水流流向和水岩相互作用控制。图4.4(c)表明,沿地下水流向,地下水中碘含量明显升高,地下水中HCO_3^-及DOC同碘的演变趋势一致。在盆地中心强烈的水岩相互作用下,富有机质富碘沉积物在土著微生物活动下降解释放CO_2至地下水中,形成盆地中心阴离子以HCO_3^-为主的地下水,同时释放赋存的碘至地下水中,形成高碘地下水。

4. 氯同位素

与其他稳定同位素相比,扩散是造成水体稳定氯同位素分馏常见的水文地质过程(Eggenkamp et al.,2009)。在扩散过程中,轻同位素较重同位素具有更大的迁移能力,因此,在存在浓度差的地下水系统中,可能发生氯同位素的扩散分馏。在大同盆地,地下水中Cl^-浓度变化范围较大,从补给区到排泄区,地下水Cl^-浓度呈明显升高趋势,为地下水Cl同位素分馏提供了前提条件(表4.3)。当地下水流速较慢,水流停留时间较长时,扩散过程将会是Cl同位素分馏的主要影响因素(Krooss et al.,1992)。大同盆地中心区域的地下水流速较两侧边山明显变慢。所以,扩散可能在Cl同位素分馏中发挥主导作用。Cl同位素的扩散分馏遵循菲克第二定律,由时间(t)和距离(x)推导出$C_{x,t}$的变化式[式(4-4)]:

$$\frac{\partial C_{x,t}}{\partial t}=D_{Cl}\frac{\partial^2 C_{x,t}}{\partial x^2} \tag{4-4}$$

式中,D_{Cl}为地下水中Cl^-的水动力扩散系数。在水体系统中,可描述为式(4-5):

$$\Delta^{37}Cl=(\delta^{37}Cl_0+1000)\times\left[\frac{\mathrm{erfc}(x/2\sqrt{D_{37}t})}{\mathrm{erfc}(x/2\sqrt{D_{35}t})}-1\right] \tag{4-5}$$

式中:$\delta^{37}Cl_0$是^{37}Cl在$x=0$时的值;$\Delta^{37}Cl$是^{37}Cl在初始点$x=0$和距源点x距离间变化值,也可用式(4-6)表示:

$$\Delta^{37}Cl=\delta^{37}Cl_x-\delta^{37}Cl_0 \tag{4-6}$$

D_{Cl}值随Cl^-浓度和温度的变化而变化。在本研究中,$D^{35}Cl$值选用1.6×10^{-9}(Grigoriev,1997)。假设大同盆地地下水Cl^-扩散系数不受温度的影响,则Cl同位素的分馏系数$\alpha=D_{35Cl}/D_{37Cl}=1.0017$(Eastoe et al.,2001;Eggenkamp et al.,2009)。

考虑到不同扩散路径上Cl^-浓度梯度不同,Cl同位素分馏趋势可用式(4-5)及式(4-6)计算,地下水的停留时间(t)也可用式(4-4)进行推算。因此,在本章研究中沿地下水水流路径选择2个扩散路径:分别从东侧边山及桑干河上游流至盆地中心区。基于上述公式,推测2个路径的地下水停留时间大于10 kyr,表明大同盆地地下水流速较缓,水力停留时间较长。

第四章 大同盆地灌溉活动对浅层碘富集的影响

表 4.3 大同盆地地下水中 $\delta^{37}Cl_{SMOC}$ 及 Cl/Br 摩尔比组成

编号	EC/($\mu S \cdot cm^{-1}$)	Cl^-/($mg \cdot L^{-1}$)	Cl/Br 摩尔比	$\delta^{37}Cl_{SMOC}$/‰	总碘/($\mu g \cdot L^{-1}$)	编号	EC/($\mu S \cdot cm^{-1}$)	Cl^-/($mg \cdot L^{-1}$)	Cl/Br 摩尔比	$\delta^{37}Cl_{SMOC}$/‰	总碘/($\mu g \cdot L^{-1}$)
DT12-01	918	51.5	670	1.11	17.8	DT12-64	2870	625	443	0.39	1380
DT12-11	1718	296	1340	1.70	51.3	DT12-65	4600	497	518	1.12	1190
DT12-17	1339	109	688	1.95	162	DT12-68	11 330	2880	2656	1.31	244
DT12-18	611	16.9	625	2.13	28.7	DT12-70	7630	1125	1717	0.98	314
DT12-24	1118	115	1979	1.61	60.6	DT12-72	1382	172	560	1.39	318
DT12-28	1253	47.5	240	0.78	207	DT12-73	1516	51.9	171	1.65	663
DT12-29	5670	965	602	1.36	381	DT12-75	2050	129	595	1.75	214
DT12-33	2700	417	2156	0.70	38.2	DT12-76	3550	724	1402	−0.05	444
DT12-37	1415	144	2436	1.49	231	DT12-82	8930	1820	2152	1.34	69.1
DT12-41	3440	239	1035	1.90	471	DT12-84	5950	1050	1525	1.60	462
DT12-49	7330	1060	1370	1.05	1040	DT12-86	2090	348	351	1.16	1290
DT12-54	573	14.0	788	2.39	11.9	DT12-87	8690	1880	1310	0.97	1040
DT12-57	1695	164	1295	1.46	77.3	DT12-89	5240	1160	1736	1.88	309
DT12-59	3000	500	1531	1.66	1080	DT12-91	6290	1820	1485	1.04	711
DT12-63	1757	122	224	1.60	792						

三、垂向入渗对浅层地下水碘富集的影响

大同盆地浅层高碘地下水氧化还原环境以弱氧化环境为主,表明与地表连通性较好,在区域干旱/半干旱气候背景下,易受强烈蒸发浓缩作用影响。周期性农业灌溉活动所造成的地表外源水体入渗也促使浅含水层以弱氧化环境为主。假设在地表灌溉水体冲刷盐渍土过程中有2%的地表盐分溶滤进入浅层地下水,以及冲刷水体体积与盐渍土质量比为10∶1(v/w),通过端元混合量化计算可发现,垂向入渗冲刷可导致地表盐分向地下水直接输入的碘含量约为3 μg/L,表明从盐渍土中碘的直接外源输入是非常有限的。相比较,图4.5表明,地表强烈的蒸发浓缩作用导致的地下水中碘浓度升高可能更为明显。除地表水文地球化学过程对浅层地下水碘的直接影响外,也需考虑外源物质输入所导致的间接水文地球化学过程。

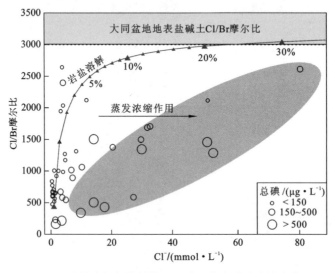

图4.5　岩盐溶解和蒸散作用下地下水中碘浓度的变化图

在灌溉垂向入渗补给过程中,灌溉水在冲刷地表盐碱土时造成可溶性盐分溶滤进入浅层地下水中,因此,大同盆地地下水 NO_3^- 及 SO_4^{2-} 高值点主要分布于浅层地下水中(图4.6)。地表含氧水体的输入一方面可影响浅层地下水氧化还原环境向偏氧化方向偏移,另一方面外源盐分的输入,可激发浅层地下水微生物呼吸作用,外源 NO_3^-、SO_4^{2-} 可扮演电子受体被微生物所利用产能,在电子转移过程中可能影响碘发生形态转化,如沉积物有机碘转化为无机碘、碘酸根被还原为碘离子等,进而促使碘在地下水中富集(图4.7)。

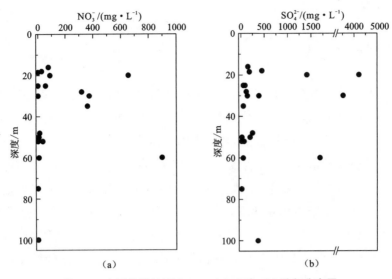

图 4.6　大同盆地地下水 NO_3^-（a）、SO_4^{2-}（b）垂向分布图

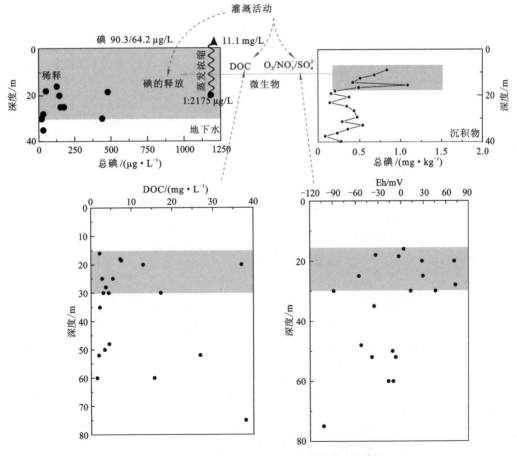

图 4.7　大同盆地垂向补给过程对碘的影响示意图

四、本章小结

浅层地下水 Cl/Br 摩尔比明显升高表明盆地存在周期性灌溉过程中地表岩盐的垂向入渗,地下水氢氧同位素垂向分带性进一步说明大同盆地地下水受地表水体的垂向补给。Cl/Br 摩尔比的量化计算表明,在周期性灌溉冲刷作用下,2%～10%地表岩盐被冲洗入渗到浅层地下水中,同时造成一定程度水体中 Cl^- 含量升高,但该过程所造成的碘的直接输入较为有限。地下水 Cl 同位素及地下水中异常高的 Cl^- 含量,表明盆地中心强烈的蒸发浓缩作用对浅层地下水水化学影响程度较大,造成部分样品中 Cl/Br 摩尔比值及 Cl^- 浓度同时升高,且在盆地中心地下水水力停留时间较长。在地表水垂向入渗补给过程中,可影响浅层地下水中氧化还原环境变化,同时可促使外源盐分,如 NO_3^-、SO_4^{2-} 等,进入浅层地下水,激发地下水系统微生物呼吸作用,利于碘在地下水系统中发生形态转化及富集。

第五章

沉积物铁矿物相转化对碘迁移释放的影响

前期研究结果表明,在高碘地下水中,沉积物中的铁矿物和有机质是固相碘的主要赋存载体,因此,地下水系统中铁矿物相转化对碘的迁移释放起着重要作用(Shetaya et al.,2012)。在不同的氧化还原条件下,负载碘的铁矿物和有机质的转化和/或生物降解过程是控制地下水系统中碘迁移的主要过程。在深层承压含水层中,异化铁还原菌可将氧化物矿物中的Fe(Ⅲ)还原成可溶性Fe(Ⅱ),引起铁矿物相转化(Melton et al.,2014)。此外,由于地下水系统中碘可以多种价态赋存,尚未有学者深入探讨铁矿物相转化过程中不同价态碘的环境地球化学行为特征。因此,本章的研究内容包括:①探究好氧和厌氧条件下,高碘地下水系统沉积物铁矿物相转化过程中碘的迁移释放过程;②探明地下水系统中碘离子富集的潜在主控机制。

一、沉积物铁矿物相转化微宇宙实验

1. 实验设置

2015年9月,研究小组在大同盆地高碘地下水区域完成300 m钻孔的钻探工作,用密封的PVC管采集沉积物样品,并于4 ℃条件下储存它们直至分析。在完成室内沉积物样品总碘含量测试的基础上,选取富碘浅表层及深层沉积物样品各一件完成铁矿物相转化微宇宙实验,样品分别为4.35 m的DXZ-04和281 m的DXZ-147含水层沉积物。深层承压含水层主要处于厌氧条件下,因此,沉积物DXZ-147的批实验仅在厌氧条件下进行。浅层含水层可与大气进行气体交换,因此,浅层沉积物DXZ-04的批实验在好氧和厌氧条件下进行。基于盆地中心地下水水化学组成特征,选取浓度15.5 mmol/L的$NaHCO_3$溶液以模拟地下水。因此,在实验过程中,控制溶液相pH值变化范围在7.5~8.5之间。

实验过程中所用微生物为 Shewanella oneidensis strain MR-1(以下简称 MR-1),是一种兼性铁还原菌。导入微宇宙体系前,用 LB 培养基将 MR-1 在 30 ℃ 恒温培养箱中培养 36 h,并用无菌去离子水高速离心清洗 3 次。前期预实验结果表明,溶液相中浓度变化范围为 0~200 μmol/L 的碘离子(I^-)/碘酸根离子(IO_3^-)对微生物生长无影响。

将沉积物样品与模拟地下水按土水比 1:10 混合,即 1.5 g 灭菌沉积物样品加入至 15 mL 15.5 mmol/L $NaHCO_3$ 溶液中,并在棕色血清瓶中完成不同条件下的微宇宙实验。每组实验包括 4 个不同对照组,具体如下。

(1) 空白组:1.5 g 灭菌沉积物加入至 15 mL $NaHCO_3$ 溶液中。

(2) 有机质组:1.5 g 灭菌沉积物加入至 15 mL $NaHCO_3$ 溶液中,同时添加 30 mmol/L 乳酸钠。

(3) MR-1 组:1.5 g 灭菌沉积物加入至 15 mL $NaHCO_3$ 溶液中,同时添加微生物 MR-1。

(4) 有机质+MR-1 组:1.5 g 沉积物加入至 15 mL $NaHCO_3$ 溶液中,同时添加 30 mmol/L 乳酸钠及微生物 MR-1。

在厌氧及有氧环境中完成上述实验,并同时完成平行对照组实验。每组实验周期为 10~20 d,采样频率为 1 个/d。

将浓缩的 MR-1 注射到密封的血清小瓶中。厌氧分批实验在无氧手套箱中(95% N_2/5% H_2)完成。通过手套箱中的气体分析仪监测氧浓度,保证在实验期间氧浓度均低于 1 ppm(1 ppm = 10^{-6})。在 25 ℃ 下完成所有批实验,振荡 240 h,采样时间点为 12 h、24 h、48 h、72 h、96 h、120 h、144 h、168 h、192 h、216 h、240 h,采集血清中的上清液和固体样品用于后续理化性质测试分析。

为探究 MR-1 所产生的生物成因的 Fe(Ⅱ)对碘形态转化的影响,设计不同 IO_3^- 浓度的批实验,在 15.5 mmol/L $NaHCO_3$ 溶液体系中,添加 30 μmol/L 或 200 μmol/L 的 IO_3^- 及 MR-1 细胞,溶液 pH 值控制在 7.5~8.5 之间。同时设计仅含 IO_3^- 的对照实验。采样时间及流程同上述批实验。

2. 测试分析

实验过程中采用 HACH 便携式探头实时监测溶液相 pH 值及 Eh 值。所采样品用高速离心机分离上清液,并用孔径为 0.22 μm 滤膜过滤,分析上清液的 Fe(Ⅱ)、$Fe_总$、碘形态及总碘浓度。Fe(Ⅱ)、$Fe_总$ 浓度采用国标邻菲罗啉显色法完成测试,$Fe_总$ 测试前用盐酸氢胺将三价铁还原为二价铁,再完成测试。总碘采用 ICP-MS 完成测试,检出限为 0.3 μg/L。碘形态采用 HPLC-ICP-MS 完成测试,IO_3^- 及 I^- 的检出限分别为 0.035 μg/L 及 0.025 μg/L。所有氧化还原敏感组分的测试均在采样后 2 h 内完成。

未处理沉积物样品在室内自然风干粉碎,通过孔径为 1 mm 和 0.125 mm 筛孔,过筛样品用于测定土壤 pH 值、总碘、TOC 含量及矿物相表征。将过筛沉积物与水以 1∶2.5 的比例混合,测悬浮液的 pH 值被认定为沉积物 pH 值;用 10% 稀氨水在 190 ℃ 高温高压下保持 19 h 用来提取沉积物中总碘,提取液用孔径为 0.22 μm 滤膜过滤,采用 ICP-MS 完成测定提取过程,以中国地质科学院地球物理地球化学勘查研究所认证的两个参考标准(GBW07402 和 GBW07406)作为对照,测得碘浓度分别为 1.95 mg/kg 和 20.2 mg/kg,分别在其参考范围(1.8±0.2 mg/kg 和 19.4±0.9 mg/kg)内。TOC 用稀 HCl 去除样品中的无机碳后,用元素分析仪完成测定;采用 X 射线衍射仪对主要矿物成分进行表征,放射源为 CuKα,波长为 0.154 06nm,配置 LynxEye 检测器,用 Rietveld Package 程序对图谱进行背景扣除及矿物组成的鉴定与分析。上述所有化学分析结果重现性好,偏差为±5%。利用微宇宙实验沉积物完成对微生物可利用态 Fe(Ⅱ)及 $Fe_{总}$ 的提取测试分析:将 0.1 g 沉积物加入到 0.5 mol/L HCl 中,振荡 2 h,用邻菲罗啉显色法完成 Fe(Ⅱ)及 $Fe_{总}$ 含量的测试。

微宇宙实验过程中所采集的含水层沉积物中铁形态通过湿式化学萃取法进行测定,具体方法如下。向 0.1 g 沉积物中加入 5 mL 的 0.5 mol/L HCl,分离出 HCl 能提取出的 Fe(Ⅱ)组分(Lovley et al.,1986;Seabaugh et al.,2006;Xiao et al.,2018)。振荡 1 h 后,利用 1.8 mol/L H_2SO_4 和 48% HF 提取沉积物中的 $Fe_{总}$(Kostka et al.,1994)。用改进的邻菲罗啉法测定 Fe(Ⅱ)和 $Fe_{总}$ 浓度,$Fe_{总}$ 测定前用 0.25 mol/L $NH_2OH \cdot HCl$ 将 Fe(Ⅲ)还原为 Fe(Ⅱ)。

除化学提取外,进一步利用 Fe K-edge 扩展 X 射线吸收精细结构(EXAFS)谱鉴别沉积物处理前后的铁矿物相。该实验在美国阿贡国家实验室(Argonne National Laboratory,ANL)光束线 9-BM-B,C 完成。依据样品铁浓度,用氮化硼(BN)稀释 Fe 的标准物或样品。使用 ATHENA(0.9.26 版软件包)对光谱数据进行处理和拟合(Ravel et al.,2005)。k 在 2~10 Å^{-1}(1 Å=0.1 nm)范围内,通过线性组合拟合(LCF)分析 k^3 加权的 EXAFS 光谱图。根据沉积物的 XRD 分析结果,选取了 8 种铁矿物的标准样品,包括针铁矿、水铁矿、菱铁矿、黑云母、绿脱石、赤铁矿、磁铁矿和黄铁矿。沉积物 EXAFS 光谱的 LCF 从最佳的一个参考拟合开始,且只要 $n+1$ 分量拟合的 R 因子比 n 分量拟合的 R 因子至少低 10%,则分量数量增加(Frommer et al.,2011)。其中单个组分的分数须为正值。

3. PHREEQC 地球化学模型

利用 PHREEQC 地球化学模型,对沉积物内铁矿物转化过程中碘形态和溶解态铁的行为进行模拟(U.S.D,1999)。由于在批实验中,当仅引入 MR-1 到沉积物时,未观察到沉积物碘的释放,因而模型未考虑天然有机物的生物降解。PHREEQC 模型考虑的过程主要包括：微生物还原溶解态铁矿物，形成次生铁矿物，碘的形态转化以及不同形态碘在铁矿物上的吸附。根据 XRD 和 EXAFS 的拟合结果确定沉积物中的铁矿物组成特征。浅层沉积物中针铁矿（α-FeOOH）和水铁矿[Fe(OH)$_3$]浓度分别为 12.5 mg/kg 和 33.5 mg/kg，深层沉积物中磁铁矿（Fe$_3$O$_4$）和赤铁矿（Fe$_2$O$_3$）浓度分别为 24 mg/kg 和 7.9 mg/kg。大同盆地浅层沉积物的有效孔隙度和有效密度分别为 0.22 kg/L 和 2.31 kg/L。

在厌氧条件下，乳酸和 MR-1 可造成浅层沉积物中针铁矿的还原性溶解。在弱碱性条件下，溶解态 Fe(Ⅱ)可与高浓度 HCO$_3^-$ 反应生成菱铁矿（FeCO$_3$）的次生铁矿物（Jönsson et al.，2008）。因此，模型中考虑以下反应。

$$CH_2O + 2FeOOH(针铁矿) + H^+ \xrightarrow{MR\text{-}1} HCO_3^- + 2Fe^{2+} + 2H_2O$$

$$Fe^{2+} + HCO_3^- \longrightarrow FeCO_3(菱铁矿) + H^+$$

在微宇宙实验中，添加过量的乳酸钠为 MR-1 提供过量的电子供体，因此，将针铁矿的还原性溶解速率设置为 MR-1 的活性函数：

$$r_{针铁矿} = k_{针铁矿} \times C_{MR\text{-}1}$$

式中：$k_{针铁矿}$ 为 MR-1 对针铁矿的微生物还原速率系数；$C_{MR\text{-}1}$ 为溶液 MR-1 的浓度。基于处理后沉积物 DXZ-04 的 EXAFS 光谱确定模型最终的针铁矿还原程度。

模型中碘的赋存形态仅考虑 I$^-$ 和 IO$_3^-$ 两种无机态，且不考虑 IO$_3^-$ 的动力学还原或 I$^-$ 的氧化。在原生高碘地下水中，I$^-$ 是最主要的赋存形态，同时，预实验结果表明，MR-1 和生物成因的 Fe(Ⅱ)可在极短时间内将 IO$_3^-$ 还原为 I$^-$。因此，此次概念模型中仅考虑一种碘形态，即 IO$_3^-$ 或 I$^-$。

在乳酸盐和 MR-1 的影响下，铁矿物的还原性溶解及对不同碘形态的吸附程度通过溶液中碘的浓度来控制。借用铁矿物（针铁矿、水铁矿、赤铁矿和磁铁矿）对不同碘形态吸附的表面络合模型完成溶液相 I$^-$/IO$_3^-$ 的吸附模拟（Nagata et al.，2009；Nagata et al.，2010）。目前尚无文献报道菱铁矿对 I$^-$/IO$_3^-$ 的吸附参数，因此，在模型中采用菱铁矿含量的线性关系来描述其对不同形态碘的吸附，模型中菱铁矿含量用上述 HCl 可提取的 Fe(Ⅱ)与总铁的比率来体现（Stolze et al.，2019）。同时假定 I$^-$ 在新生成的菱铁矿上的吸附反应是瞬时发生的。

二、微宇宙实验结果

1. 浅层含水层沉积物

浅层含水层沉积物样品 DXZ-04 是灰黄色粉砂，总碘含量为 7.69 mg/kg。其中，

Fe_2O_3 的含量为 4.38%,沉积物 pH 值为 8.80(表 5.1)。该钻孔的两个浅层地下水总碘浓度分别为 267 μg/L 和 214 μg/L,主要的碘形态分别为 IO_3^- 和 I^-(表 5.2)。Eh 值分别为 136 mV 和 97 mV,表明地下水以弱氧化环境为主。

表 5.1 大同盆地高碘地下水系统沉积物样品 DXZ-04 和 DXZ-147 理化性质组成特征

编号	描述	深度/m	pH 值	总碘	TOC	SiO_2	TiO_2	Al_2O_3	Fe_2O_3	MnO	MgO	CaO	Na_2O	K_2O	P_2O_5	烧失量
DXZ-04	灰黄色粉砂	4.35	8.80	7.69	0.15	58.90	0.58	12.18	4.38	0.07	2.74	7.04	1.98	2.28	0.12	9.58
DXZ-147	灰绿色粉质黏土	281	7.53	0.93	0.71	14.32	0.17	4.39	2.15	0.05	11.48	28.24	0.35	0.87	0.07	37.20

注:表中 pH 值无量纲,总碘单位为 mg/kg,其他量的单位为%。

表 5.2 大同盆地东辛寨钻孔地下水样品的理化性质组成特征

含水层	水化学类型	深度/m	pH 值	Eh	TDS	总碘	IO_3^-	I^-	Fe
浅层	Na-Cl	6	7.94	136	4209	267	258	11	<0.01
	Na-HCO_3	17	8.29	97	1592	214	<0.01	186	0.07
深层	Na-HCO_3	300	8.29	−254	1776	473	<0.01	465	0.09

注:表中 pH 值无量纲,Eh 单位为 mV,TDS、Fe 单位为 mg/L,总碘、IO_3^-、I^- 单位为 μg/L。

在浅层含水层沉积物的微宇宙批培养实验中,其液相和固相理化性质演化如图 5.1(a)—(d)和图 5.2(a)(b)所示。在有氧条件下,向沉积物悬浮液中加入 MR-1 或乳酸钠,溶液中溶解的 Fe(Ⅱ)浓度保持在较低水平,其范围在 0.02~0.31 mg/L 之间;对照组样品与之相似,其溶解态 Fe(Ⅱ)浓度在 0.06~0.28 mg/L 之间。在 4 个批次实验中,溶解态碘的浓度也有相似的变化趋势,其浓度变化范围为 9.82~29.61 μg/L[图 5.1(b)],溶解态的碘主要以 I^- 形式存在。当同时加入 MR-1 与乳酸钠时,沉积物中 HCl 可提取的 Fe(Ⅱ)占沉积物总铁的比例从对照组的 1.32% 提高至 2.81%,在此之后的 240 h 内该比例保持相对稳定[图 5.2(a)]。结果表明,MR-1 将乳酸盐作为电子供体,还原沉积物中部分 Fe(Ⅲ)为 Fe(Ⅱ),Fe(Ⅱ)吸附到固体表面。铁矿物 Fe K-edge EXAFS 的 LCF 结果表明:在好氧条件下,一些结晶性较差的矿物会被还原,如水铁矿,铁矿物含量从 39.5% 下降至 23.6%;而结晶性矿物在实验过程中能保持稳定,如针铁矿。

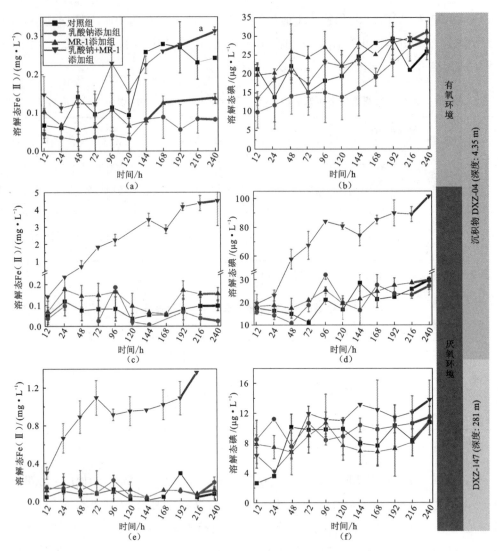

图 5.1 微宇宙实验溶液相铁及碘浓度变化趋势

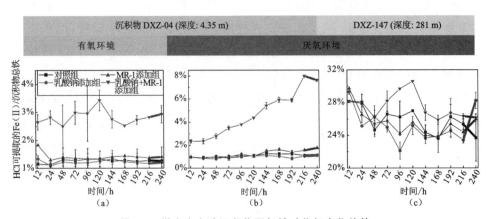

图 5.2 微宇宙实验沉积物固相铁矿物相变化趋势

在厌氧条件下,向沉积物悬浮液中加入 MR-1 和乳酸钠,随着时间变化可以观察到溶解的Fe(Ⅱ)、碘浓度和HCl提取的Fe(Ⅱ)占沉积物总铁的比例逐渐增加,经过240 h培养后,分别增至 4.51 mg/L、101.5 μg/L 和 7.63%[图 5.1(c)(d)、图 5.2(b)]。溶液中主要的碘形态是 I⁻。以上结果表明,在 240 h 内,MR-1 持续利用沉积物中的Fe(Ⅲ)作为电子受体,还原沉积物铁矿物相,并造成与铁矿物共存的碘迁移释放至溶液中。沉积物 Fe K-edge EXAFS 的 LCF 结果表明:经过 240 h 的培养后,结晶的针铁矿含量由 25.4%降至 10.4%(图 5.2,表 5.3)。同时,微生物还原Fe(Ⅲ)(氢氧化物)所形成的菱铁矿含量由 16.6% 升高至 22.9%(Kocar et al., 2006; Tufano et al., 2008; Amstaetter et al., 2012)。沉积物中铁矿物相的转化和碘的释放呈现一致的变化趋势,表明沉积物中结晶态的铁矿物可能是沉积物中碘的重要赋存载体。在培养 240 h 后,沉积物中约 10%的碘释放至液相。

表 5.3 乳酸钠+MR-1 组反应前后沉积物的铁矿物相组成特征

样品		Fe K-edge EXAFS 谱图拟合结果								化学提取	
		针铁矿	水铁矿	菱铁矿	黑云母[a]	绿脱石[b]	赤铁矿	磁铁矿	Fe(Ⅱ)[c]	Fe(Ⅲ)[d]	HCl可提取的Fe(Ⅱ)/Fe总	沉积物Fe(Ⅱ)/Fe总
DXZ-04	原样	25.4%	39.5%	16.6%	8.5%	10%			25.1%	74.9%	1.32%	33%
	有氧条件	26%	23.6%	12.8%	11.9%	25.7%			24.7%	75.3%	2.73%	32%
	厌氧条件	10.4%	32.8%	22.9%	9.7%	24.2%			32.6%	67.4%	7.63%	36%
DXZ-147	原样			43.4%		38.4%	18.2%	—			26%	59%

注:a. 用黑云母中的铁矿物相代表硅酸盐中的Fe(Ⅱ);b. 用绿脱石中的铁矿物相代表硅酸盐中的 Fe(Ⅲ);c. Fe(Ⅱ)= Fe(Ⅱ)菱铁矿 + Fe(Ⅱ)黑云母;d. Fe(Ⅲ) = Fe(Ⅲ)针铁矿 + Fe(Ⅲ)水铁矿 + Fe(Ⅲ)绿脱石。

2. 深层含水层沉积物

深层含水层沉积物样品 DXZ-147 是灰绿色粉质黏土,碘含量为 0.93 mg/kg。Fe_2O_3 含量为 2.15%,沉积物 pH 值为 7.53(表 5.1)。沉积物钻孔深层承压含水层地下水的总碘浓度为 473 μg/L,碘的主要形态为 I⁻,其浓度为 465 μg/L(表 5.2)。深层地下水中的 Eh 为 −254 mV,表明深层承压含水层以强还原环境为主。

批量培养实验中溶液和固相的结果如图 5.1(e)(f)和图 5.2(c)所示。当向沉积物悬浮液中同时加入 MR-1 和乳酸钠时,溶解态Fe(Ⅱ)含量随时间由 0.30 mg/L 升高至 1.36 mg/L,但溶解态碘的含量却保持稳定,在 6.35~13.8 μg/L 之间变化,在对照组中也观察到相似的演化趋势[图 5.1(e)(f)]。同浅层沉积物类似,溶解态碘主要形态是 I⁻。值得注意的是,在 4 组实验中,HCl 可提取的Fe(Ⅱ)占沉积物总铁比例均处于

23.6%~30.6%之间[图5.2(c)]。这表明,即使引入乳酸盐和MR-1,在厌氧条件下培养240 h,深层沉积物未发生明显的铁矿物相转化,因此,未观测到明显的固相碘的迁移释放过程。深层沉积物 Fe K-edge EXAFS 拟合的铁矿物结果表明,深层沉积物铁矿物以赤铁矿和磁铁矿等结晶程度较高的铁矿物为主(图5.3,表5.3)。

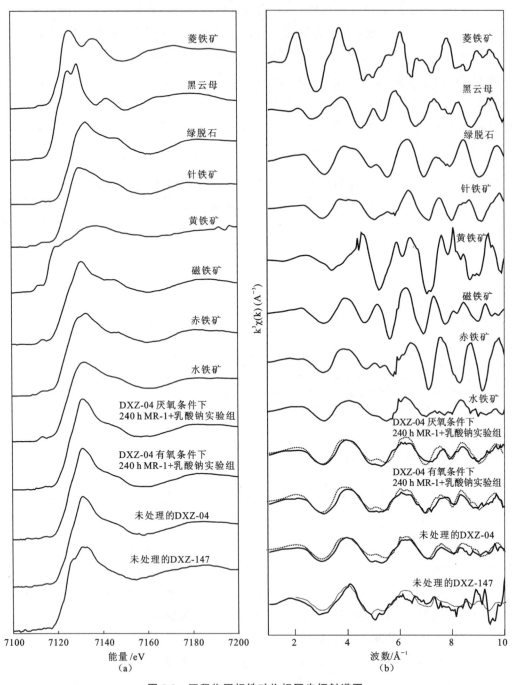

图5.3 沉积物固相铁矿物相同步辐射谱图

三、讨论

1. 浅层含水层沉积物中碘形态和铁矿物的转化

在地下水和沉积物样品中，碘可以无机碘和有机碘的形式存在。由于黏土矿物和有机质具有较高的亲和力，碘在沉积物/土壤中常以有机碘和 IO_3^- 为主，I^- 所占比例很小。相比之下，地下水中碘形态以 I^- 为主，活性较高。研究结果表明，在厌氧和有氧条件下，从浅层沉积物中释放的碘主要是 I^-。因此，基于室内实验结果设定不同的模拟场景。

场景 A：负载有 I^-/IO_3^- 的针铁矿和 15.5 mmol/L $NaHCO_3$ 溶液之间达平衡（pH=8.25）。

场景 B：负载有 I^-/IO_3^- 的针铁矿发生还原性溶解，但 IO_3^- 未发生还原。

场景 C：负载有 I^-/IO_3^- 的针铁矿发生还原性溶解，并伴随 IO_3^- 的还原。

场景 D：场景 C 中添加 I^- 在针铁矿与水铁矿的表面吸附。

场景 E：场景 D 中添加菱铁矿对 I^- 的吸附，以及针铁矿与水铁矿表面对 I^- 的延迟吸附（96 h）。

因高亲和力，负载有 IO_3^- 的针铁矿与 $NaHCO_3$ 溶液达到平衡时，没有针铁矿 IO_3^- 的释放（场景 A）。相比之下，当在针铁矿上负载有 0.157~0.286 μg/g I^- 时（场景 A），溶液中 I^- 的平衡浓度在 14.8~19.7 μg/L 之间变化，较好地拟合了空白组实验结果[图 5.4(a)]。假设针铁矿还原溶解过程中未发生 IO_3^- 的还原，240 h 后，针铁矿释放的 I^- 为 35.7 μg/L（场景 B），低于乳酸钠+MR-1 实验组的测量结果[图 5.4(a)]。含有 MR-1 或 Fe(Ⅱ)和 IO_3^- 的批量实验结果表明，MR-1 以 IO_3^- 作为电子受体，导致 IO_3^- 还原，而针铁矿还原溶解所产生的溶解态 Fe(Ⅱ)也可以将 IO_3^- 还原为 I^-。当将 IO_3^- 还原过程添加到模型中时（场景 C），负载 I^-/IO_3^- 的针铁矿还原性溶解导致 I^- 释放量高达 293.8 μg/L，明显高于实验组结果[图 5.4(a)]。向模型中添加针铁矿和水铁矿吸附溶解态 I^-（场景 D），则能更好地模拟实验结果及变化趋势，但前几小时的模拟结果明显低于观测到的 I^- 浓度[图 5.4(b)]。前人文献表明，天然沉积物/土壤对 I^- 的吸附速率明显低于纯相针铁矿及水铁矿，通常延缓 2~10d（Yoshida et al.，1992；Yu et al.，1996；Dai et al.，2009；Nagata et al.，2009）。当在模型中考虑 I^- 在沉积物针铁矿和水铁矿上的吸附延迟时，设置时间约为 96 h，可较好地完成实验数据的拟合[图 5.4(c)]。

在场景 E 中，沉积物内针铁矿中 I^- 和总碘含量分别为 0.157~0.286 μg/g 和 3~3.5 μg/g，表明沉积物中 5.2%~8.2% 的碘为 I^-。该比例与前人利用碘 K-edge XANES 表征的干燥红黄土壤中碘的赋存形态结果相一致，其样品总碘浓度为 44.6 μg/g，其中，I^-、IO_3^- 和有机碘的相对含量分别为 10%、40% 和 50%（Kodama et al.，2006）。根据前人研究报道，碘 K-edge 和 L_{III}-edge XANES 是识别固相碘形态的最好方法，但该方法存在一定局限性，如 Ca、K 对 L_{III}-edge 的影响、天然沉积物中总碘含量较低，以及 K-edge 较高的能量需求等，均限制该方法在天然样品中的应用（Shimamoto et al.，2008；Shimamoto et al.，2010；Shimamoto et al.，2011）。我们为研究中所使用的多过程模型提供了一种合适的方法，来量化碘含量较低的天然沉积物中碘形态的组成。

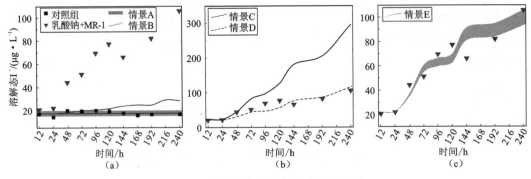

图 5.4　铁矿物相演化情景模拟结果图

2. 承压含水层沉积物中铁矿物的转化

在厌氧条件下，同时添加 MR-1 和乳酸钠，深层沉积物中溶解态 Fe(Ⅱ) 浓度虽呈逐渐增加趋势，但溶解态碘浓度却未明显升高，浓度变化范围在 4.25~17.8 μg/L 之间，明显低于浅层沉积物的溶解态碘浓度（19.4~101.5 μg/L）[图 5.1(d)(f)]。相比于浅层沉积物中结晶铁矿物还原，深层沉积物未观测到 HCl 可提取的 Fe(Ⅱ) 占沉积物总铁比例的明显升高，此现象也解释了为何溶液中未观测到碘的释放[图 5.2(b)(c) 和表 5.3]。

在未经处理的深层沉积物中，HCl 可提取的 Fe(Ⅱ) 占沉积物总铁比值为 26%，而在未经处理的浅层沉积物 DXZ-04 中该比值为 1.32%（表 5.3）。在 MR-1 和乳酸钠同时添加的 240 h 内，沉积物 HCl 可提取的 Fe(Ⅱ) 占沉积物总铁的比例保持相对稳定，这表明深层沉积物的铁矿物相可能已处于稳定状态，额外添加的 MR-1 已较难进一步造成沉积物铁矿物相的转化（图 5.5）。在相同的实验条件下，浅层沉积物中 HCl 可提取的 Fe(Ⅱ) 占沉积物总铁的比例逐渐增加，可能反映了在自然环境下深层沉积物中铁矿物相随时间演变的过程。野外深层沉积物中所观测到的较高含量的 HCl 可提取 Fe(Ⅱ) 比例，可能是微生物长期参与结晶铁还原的结果（图 5.5）。深层承压含水层水环境特征也支持这一假说。采自该钻孔的深层承压地下水 Eh 值为 -254 mV，表明地下水以强还原环境为主（表 5.2）。在还原条件下，微生物还原溶解结晶铁矿物产生的溶解态 Fe(Ⅱ) 可与结晶程度较差的铁矿物相（如水铁矿）相互作用，通过化学反应形成磁铁矿(Hansel et al.,2005;Borch et al.,2010;Byrne et al.,2015;Fu et al.,2016)。如表 5.3 所示,深层沉积物的 XRD 和 EXAFS 谱图结果均证实深层沉积物中存在磁铁矿。此外,磁铁矿的形成通常与较低的 Fe(Ⅱ)形成速率有关,这与天然地下水环境一致,而菱铁矿是在 Fe(Ⅲ)快速还原时形成的。因此可推断,在深层地下水强还原环境中,沉积物 Fe(Ⅲ)矿物不断还原为Fe(Ⅱ),导致沉积物的铁矿物相转变并将碘释放到地下水中(图 5.6)。因此,未经处理的深层沉积物中可提取的Fe(Ⅱ)占沉积物总铁的比例可达 26%,深层承压含水层地下水的碘浓度为 473 μg/L,其形态以 I^- 为主(表 5.2)。磁铁矿对 IO_3^-、I^- 的吸附能力低于针铁矿和水铁矿,进一步促进溶解 I^- 的富集(Nagata et al.,2009;Nagata et al.,2010)。

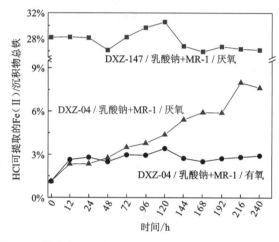

图 5.5 微宇宙实验中不同深度沉积物铁矿物相演化趋势

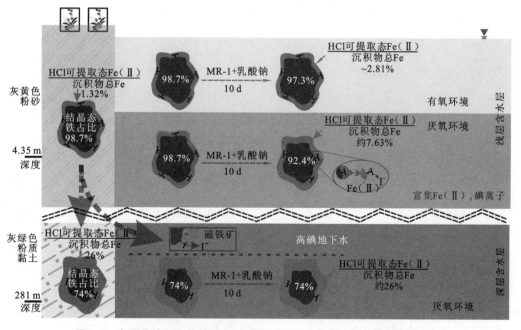

图 5.6 大同盆地沉积物铁矿物相演化对沉积物碘释放影响的概念模型图

四、本章小结

深层承压含水层地下水样品中碘含量较高,其主要形态是 I^-。在厌氧条件下,微宇宙批实验结果表明:沉积物中铁矿物在微生物作用下发生矿物相转化,沉积物中的碘以 I^- 的形式释放到溶液中。模型模拟结果进一步证实,沉积物中铁矿物的转化和伴随的碘形态的转化,是导致固相碘释放及液相碘富集的主控过程。与浅层含水层沉积物相比,深层含水层沉积物中较高的 Fe(Ⅱ) 占比表明:在强还原条件下,深层含水层铁矿物相经历了长期的地质历史时期的矿物相转化过程,该过程也较好地解释了深层含水层中所观察到地下水碘富集的现象,为认识理解地下水高碘地下水成因机制提供了新的见解。

第六章

华北平原地下水碘的空间分布及主控过程

我国是世界范围内受原生高碘地下水影响面积最广的国家,除大同盆地外,华北平原也分布有大面积的原生高碘地下水。华北平原地下水中碘的物源、影响其迁移转化的主控水文生物地球化学过程与大同盆地均存在异同点。此外,华北平原深层地下水开采引起的地面沉降、咸水移动等环境地质问题日益凸显,查明地下水系统中碘的迁移富集规律是研究环境地质问题影响地下水水质机理的基础。因此,在本章中,研究小组采集华北平原地下水及沉积物样品,在完成基础理化性质分析的基础上,揭示地下水中碘的时空分布特征及存在的形态,深入分析区域高碘地下水的主要物源,提取影响地下水中碘迁移富集的主控水文生物地球化学过程,为保障区域供水安全及水资源管理提供科学依据。

一、华北平原概况

1. 自然地理概况

华北平原位于我国东部,是我国第二大平原,由黄河、淮河、海河三大河流淤积而成,北起燕山山脉的南麓,南抵黄河流域,西起太行山、秦岭的东麓,东邻渤海、黄海,属黄淮海平原(广义华北平原)的一部分。地理坐标为东经112°30′~119°30′,北纬34°46′~40°25′,行政区划包括北京、天津、河北三省(市)的全部平原及河南、山东两省黄河以北的平原,共计21市207县(市),总面积约$13.90×10^4$ km^2,占全国陆地面积的1.5%。

华北平原属于温带大陆性半干旱季风型气候区,春季多风干燥,夏季炎热多雨,秋季晴朗气爽,冬季寒冷干燥,四季分明。区内年平均气温为10~15 ℃,全年中1月温度最低,在-1.8~1.0 ℃之间;7月温度最高,在26~32 ℃之间,极端最低气温为-28.2 ℃,极端最高气温可达到45.8 ℃,气温年差变化在27~32 ℃之间。一般平均气温自南向北逐渐降低,但是变化幅度较小,冬夏和昼夜温差较大,前者温差可达到29~

32 ℃,后者温差可达到 10 ℃。区内全年日照时数在 2400～3100 h 之间,无霜期一般在 200 d 以上。

华北平原多年平均降水量在 500～600 mm 之间,随季节分配不均匀,降水多集中在 7～9 月,占到全年降水量的 75% 左右,这样容易形成春旱秋涝。区内降水量年际变化较大,干旱年份大部分地区降水量不足 400 mm(极端低值为 148.6 mm,河南清丰站,2002 年);丰水年份大部分地区降水量多于 800 mm。

2. 地层岩性

华北平原是一个大型中、新生代的沉积盆地,基底由太古宇和古元古界经过褶皱变质形成的一套复杂变质岩系组成,盖层由中新元古界、古元古界和新生界两套沉积层组成,前者为海相碳酸盐岩,后者为陆相碎屑岩。区内上奥陶统至下石炭统普遍缺失。新生代地层在该区广泛分布,厚度一般为 1000～3500 m,最厚处可达 5000 m。其中以古近系和新近系沉积最厚,基本构成了华北平原的基底。第四系中沉积物的成因和厚度受基底构造的控制,并受古气候、古地理环境的制约。第四系坳陷区最大厚度可达 600 m 以上,在隆起区及平原南部厚度变小,约为 200 m。第四系由老至新划分为下更新统、中更新统、上更新统、全新统,岩性主要特征描述如下。

下更新统(Qp_1):主要为一套冲积与冲湖积及冰水沉积为主的堆积物,上段为红棕色、棕红色或黄绿色,下段为棕红色、红褐混灰绿色、锈黄色厚层黏土、粉质黏土夹砂层等,可见发育不同钙质沉淀层。埕子口—宁津凸起区一带,为无棣火山玄武岩系列,岩性为霞石质熔岩、火山集块岩等。在本区南部边缘的东阿—齐河一带缺失。底界埋深一般在 350～550 m 之间,在本区南部底界变浅,在鹤壁庞村和淇河河谷以及安阳伦掌有零星出露,可见厚度为 10～30 m,河南一带底界埋深仅为 40～180 m,山东一带底界埋深为 120～320 m。总厚度一般为 100～200 m。

中更新统(Qp_2):是一套以冲洪积为主的堆积物,由粉质黏土夹砂、砾石层组成,砂层厚度大,粒径粗。在安阳以北、辉县东部及浚县的西部均有出露,可见厚度为 10～20 m。在本区南部边缘东阿—齐河一带缺失本统底部地层。一般底界埋深为 250～350 m,河南一带为 10～120 m,山东一带为 80～180 m。一般厚度为 80～180 m。

上更新统(Qp_3):为一套冲洪积-湖积堆积物,山前地带主要由含粉粒较高的粉土、粉质黏土夹砾石、卵石组成,至中东部则变为黄色、灰黄色粉土,粉质黏土夹粉细砂、中细砂层。在河南邻近黄河的青风岭一带局部出露,可见厚度为 10～20 m。底界埋深河北平原一般为 120～170 m,河南一带为 10～60 m,山东一带为 60～80 m。厚度在 50～150 m 之间。

全新统(Qh):是一套以冲积为主,夹湖海相沉积的堆积物,由含淤泥质粉土、粉质黏土夹细砂粉砂组成,结构松散。底界埋深达 15～30 m,局部为 60～70 m。厚度一般为 20～30 m。

3. 水文地质结构

华北平原第四系地下水是一个巨大的、复杂的地下水系统。燕山和太行山的山前平原区是华北平原区域地下水主要入渗补给区,地下储水介质具有强渗透能力,补给来源主要是降水入渗。在埋藏条件和含水介质的控制下,地下水的水力特征在空间上表现出明显的差异性。因此,以沉积物的岩性为基础、以水文地质条件为依据,并结合地下水的开发利用现状,参照含水层发育程度、含水层渗透性、地下水水力性质、水文地球化学特征、地下水动态特征,传统上将第四系含水岩系划分为4个含水层组,即第Ⅰ、Ⅱ、Ⅲ、Ⅳ含水层组(图6.1,表6.1)。

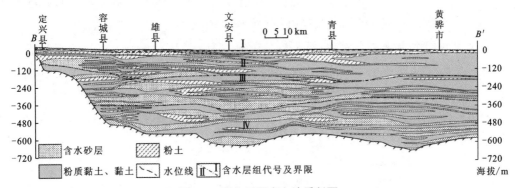

图 6.1 华北平原水文地质剖面

表 6.1 华北平原第四系含水系统划分和含水层组特征表

分区	组别	底层埋深	水文地质单元	含水层主要岩性
单层结构区		100~300 m	山前平原顶部	砾卵石、中粗砂含砾、中粗砂、中细砂
多层结构区	第Ⅰ含水层组	10~50 m	山前平原下部	砾卵石、中粗砂含砾、中粗砂、中细砂
			中部平原	中细砂和粉砂细砂、粉细砂
			滨海平原	以粉砂为主
	第Ⅱ含水层组	120~210 m	山前平原下部	砾卵石、中粗砂
			中部平原	中细砂和粉砂
			滨海平原	以粉砂为主
	第Ⅲ含水层组	250~310 m	山前平原下部	砾卵石、中粗砂
			中部平原	中细砂和细砂
			滨海平原	粉细砂和粉砂
	第Ⅳ含水层组	350 m以下	山前平原下部	砾卵石、中粗砂
			中部平原	中细砂和细砂
			滨海平原	粉细砂和粉砂

第Ⅰ含水层组为潜水含水层,底界面埋深为10~50 m,厚度大约为60 m,相当于全新统。从山前到滨海,含水层沉积物颗粒逐渐由山前砂砾石演变为滨海平原的粉砂;山前为淡水区,从中部平原向沿海地区广泛分布咸水。该层为地下水积极循环的交替层,对地下水的开发利用意义不大,但对生态环境的研究和保护起到重要作用。

第Ⅱ含水层组属于微承压、半承压地下水,相当于上更新统,底界埋深一般为120~210 m,厚度在60 m左右。含水层由粉砂、细砂、中砂和砂砾石组成,与第Ⅰ含水层组相似,从中部平原到东部滨海平原,地下水为咸水,矿化度大于2 g/L。该含水层地下水循环交替能力较强,是该区工农业用水的主要地下水开采层。

第Ⅲ含水层组为承压含水层,相当于中更新统,底界埋深为250~310 m,厚度大于90 m,岩性以细砂、中粗砂和砾卵石(山前)为主,矿化度为0.3~0.5 g/L。

第Ⅳ含水层组为承压含水层,埋深在350 m以下,厚度为50~60 m,相当于下更新统。山前平原地区埋深小于300 m,由胶结砂砾及薄层风化砂组成,厚度为20~40 m,地下水矿化度小于1 g/L;中部平原含水层以中细砂、细砂为主,埋深大于350 m,一般厚度为10~30 m;滨海平原含水层由粉细砂、粉砂组成,厚度在20 m左右,中部和滨海地下水的矿化度分别为0.5~1.5 g/L和1.5~2 g/L。

二、样品采集、测试分析及室内微宇宙实验

1. 地下水样品采集及测试分析

2015年7月在华北平原采集地下水样206件,采样深度为30~800 m,所采深度为30~200 m的水样分布于山前地区及中部平原地区,所采200~600 m深层承压水样分布于中部平原地区及沿海地区,属于第Ⅲ、Ⅳ含水层组的混合地下水,且为当地地下水主要开采层位。采样瓶为500 mL PE瓶,采样前先用去离子水清洗3次,再用待采水样润洗3次,采样时,确保每个样品瓶内充满待测水样。所有样品均用孔径为0.45 μm的滤膜过滤,用于测定金属离子的样品加入1∶1 HNO_3 酸化至pH<2。水温(T)、TDS、Eh、pH于现场采用HACH便携式测定仪测定,总铁($Fe_总$)、亚铁(Fe^{2+})于采样现场使用HACH DR2800便携式分光光度仪测定,其中$Fe_总$与Fe^{2+}测试浓度范围均为0.02~3.00 mg/L,碱度24 h内采用滴定法完成测定。

主要阳离子浓度采用IRIS Intrepid Ⅱ XSP型ICP-AES进行分析,主要阴离子浓度采用瑞士万通761 Compact IC进行分析,I^-、IO_3^-通过高效液相色谱与Agilent 7900 ICP-MS联用(HPLC-ICP-MS)进行分离测定,阴阳离子分析误差均控制在5%以内。采用高温催化燃烧法(TOC-V,Shimadzu)测定TOC浓度,标准偏差为2%。分析地下

水样时,质量控制采用加 5%的重复样,所有重复样品的误差小于 5%。

2. 沉积物样品采集及测试分析

2016 年 8 月,在华北平原高碘区完成了深度为 410 m 的钻孔沉积物样品采集,共采集 144 件沉积物样品(图 6.2)。沉积物岩芯用 PVC 管盖上,密封,以尽量减少与大气接触,并储存在 4 ℃环境下。根据沉积物的结构和深度,从沉积物中选择 22 件样品进行有机碳同位素分析。基于沉积物化学成分,从沉积物样品中选择 2 件进行微生物批实验,以模拟沉积物铁矿物转化过程中碘的释放,步骤同前。

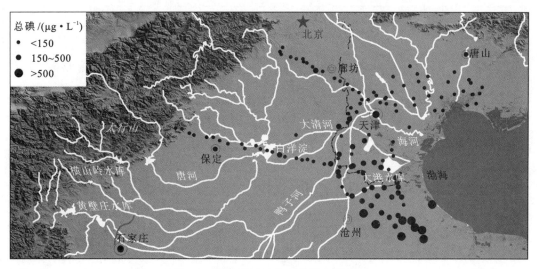

图 6.2 华北平原地下水采样点分布图

将一部分沉积物样品风干并粉碎,使其通过 1 mm 和 0.125 mm 的筛网,用于土壤 pH 值、有机质和微量元素分析。在 1∶2.5 的 H_2O 悬浮液中测定土壤 pH 值。在用稀 HCl 去除无机碳之后,用元素分析仪测定 TOC。分别用 15% H_2O_2 和 1 N 的 HCl 处理 0.2 g 样品去除有机物和碳酸盐,再通过激光粒度分析仪完成粒度测试。沉积物总碘在 190 ℃的高压灭菌器中使用 10%稀释氨萃取 19 h,使用 ICP-MS 测定。利用 XRD 分析对微生物批实验沉积物的岩性进行表征,将破碎的干沉积物在 Cu KαX 射线辐射(λ = 0.154 06 Å)下 5°~100°的 2θ 范围内,使用 LynxEye 探测器进行分析。并用化学提取法分析沉积物铁矿物的赋存形态,具体步骤见表 6.2。沉积物中微生物成因的 Fe 矿物相常用稀 HCl 进行提取,本章研究中分别对 39 件大同盆地沉积物及 31 件华北平原沉积物完成提取,向 0.1 g 风干未研磨沉积物中加入 5 ml 0.5 mol/L HCl,振荡 2 h,用邻菲罗啉法完成上清液中 Fe^{2+} 及 $Fe_总$ 的测试分析。

表 6.2 沉积物铁赋存态连续提取方法

Fe 组分	试剂	目标阶段
可溶性组分	0.05 mol/L 的 $NaHCO_3$ 振荡 24 h(20 ℃)	可溶性 Fe 组分
次生氧化物组分	0.5 mol/L 甲酸(pH=3) 振荡 24 h(20 ℃)	二次铁氧化物
弱结晶 Fe 组分	0.1 mol/L 抗坏血酸(pH=3) 振荡 24 h(20 ℃)	无定形、结晶差的铁氧化物/氢氧化物（如水铁矿、纤铁矿等）
强结晶 Fe 组分	0.2 mol/L 草酸铵+0.1 mol/L 抗坏血酸(pH=3) 振荡 24 h(20 ℃)	晶态铁氧化物/氢氧化物（如针铁矿、赤铁矿）
残余 Fe 组分	1.8 mol/L H_2SO_4+0.2 mL 48% 的 HF 振荡 5 h(100 ℃)	与铝硅酸盐/硅酸盐矿物和有机质相关的 Fe 组分

3. 微生物批实验

为了了解华北平原碘在沉积物铁矿物转化过程中的地球化学行为特征，对两个采样深度分别为 179 m 和 285 m 的华北平原沉积物完成微生物批实验，实验设计部分同第五章微宇宙实验。将兼性厌氧希瓦氏菌（*Shewanella oneidensis*）MR-1（一种异化铁还原菌）引入水土共存体系，在 25 mL 无菌棕色血清小瓶中加入 1.5 g 湿沉积物样品、15 mL 15.5 mmol/L 的 $NaHCO_3$ 和 30 mmol/L 的乳酸钠溶液。3 个背景组，包括空白组、乳酸组和 MR-1 组，也在相同的条件下在惰性气体保护箱中进行实验。有关 MR-1 培养物和批实验设置的详细信息，请参见第五章。

三、地下水系统碘的空间分布特征

华北平原地下水水化学组成见表 6.3，pH 值为 6.46～9.03，呈中性至弱碱性，阳离子以 Na^+ 为主，含量为 8.57～832 mg/L，其次为 Ca^{2+} 和 Mg^{2+}；阴离子主要为 HCO_3^- 和 Cl^-，含量分别为 98.82～916.8 mg/L 和 6.63～816.1 mg/L，其次为 SO_4^{2-}；从山前地区到沿海地区，水化学类型由 $Na-HCO_3$ 和 $Ca-HCO_3$ 逐渐变成以 Na-Cl 型水为主，TDS 含量为 203～3807 mg/L，中间值为 558 mg/L，淡水（TDS<1000 mg/L）、微咸水（TDS：1000～3000 mg/L）、中等咸度水（TDS：3000～10 000 mg/L）的比例分别为 56.93%、40.15%、2.92%，其中淡水以及微咸水比例均高于大同盆地，而中等咸度水比例低于大同盆地。地下水样中 Cl/Br 摩尔比范围为 132～4163，与大同盆地相比，华北

平原Cl/Br摩尔比中间值及平均值较低。DOC含量为 0.13~37.90 m/L,中值为 3.11 mg/L,华北平原地下水DOC低于大同盆地地下水DOC。Eh为−229~202 mV,华北平原地下水偏还原环境,地下水$Fe_总$含量与大同盆地相当,为<0.01~3.46 mg/L。

表6.3 华北平原地下水水化学组成统计表

化学组成	样品数/件	最小值	最大值	平均值	中间值
总碘/($\mu g \cdot L^{-1}$)	206	2	1106	184	239
IO_3^-/($\mu g \cdot L^{-1}$)	206	<0.01	695	28	91
I^-/($\mu g \cdot L^{-1}$)	206	<0.01	966	134	190
pH值	206	6.46	9.03	8.03	8.08
TDS/($mg \cdot L^{-1}$)	206	203	3807	895	558
Eh/mV	187	−229	202	48	92
DOC/($mg \cdot L^{-1}$)	205	0.13	37.9	1.77	3.11
$Fe_总$/($mg \cdot L^{-1}$)	206	<0.01	3.46	0.29	0.49
HCO_3^-/($mg \cdot L^{-1}$)	206	98.82	916.8	349.8	116.2
F^-/($mg \cdot L^{-1}$)	206	0.18	9.17	2.28	1.55
Cl^-/($mg \cdot L^{-1}$)	206	6.33	816.1	199.5	189.1
NO_3^-/($mg \cdot L^{-1}$)	206	<0.01	139.5	3.52	14.7
SO_4^{2-}/($mg \cdot L^{-1}$)	206	<0.01	1685	156.7	188.9
K^+/($mg \cdot L^{-1}$)	206	0.13	13.58	1.38	1.25
Na^+/($mg \cdot L^{-1}$)	206	8.57	832	304	199.2
Ca^{2+}/($mg \cdot L^{-1}$)	206	<0.01	304.7	32.02	43.7
Mg^{2+}/($mg \cdot L^{-1}$)	206	0.54	336.2	20.15	36.6
Sr/($mg \cdot L^{-1}$)	206	0.03	3.94	0.43	0.44
Si/($mg \cdot L^{-1}$)	206	2.08	13.21	5.86	1.54
Cl/Br摩尔比	206	132	4163	1177	652
$\delta^{13}C_{DIC}$/‰,VPDB	33	−11.42	−5.95	−8.79	−9.08
^{14}C年龄(a BP)	9	4060	25 710	16 987	16 230

华北平原地下水中总碘含量为2~1106 $\mu g/L$,中间值为239 $\mu g/L$,平均值为184 $\mu g/L$,北京地区、保定地区、天津地区地下水总碘含量中间值分别为40.14 $\mu g/L$、43.79 $\mu g/L$、124.4 $\mu g/L$,沧州地区地下水总碘含量中间值为465.1 $\mu g/L$,且95.45%水样超过我国饮用水的标准限定值100 $\mu g/L$,从山前地区至沿海地下水碘含量呈上升趋势,至沧州地区地下水样品碘含量最高达到1106 $\mu g/L$(图6.2)。垂向上,在第Ⅰ、Ⅱ含

水层组浅层地下水中有部分高碘地下水赋存,这些样品盐分也较高,区域高碘地下水主要分布于第Ⅲ、Ⅳ含水层组深层承压含水层中(图 6.3)。华北平原高碘地下水水化学类型主要为 Na-Cl 型(图 6.4),从低 Na^+、Cl^- 向高 Na^+、Cl^- 区域变化时,地下水碘含量依次为<100 μg/L、100~300 μg/L 及>300 μg/L,呈现出良好的水平分带性。区域地下水中碘形态以 I^- 为主。

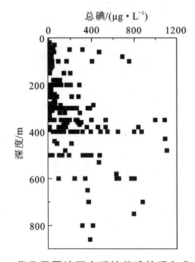

图 6.3　华北平原地下水系统总碘的垂向分布特征

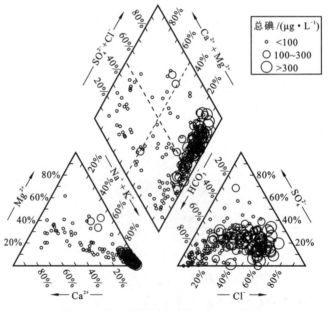

图 6.4　华北平原地下水样 Piper 三线图

四、沉积物理化性质及碘的组成特征

大同盆地和华北平原沉积物理化性质组成垂向分布特征如图 6.5 所示,大同盆地和华北平原沉积物的平均粒度分别为 28.8 μm 和 33.2 μm,总碘含量分别为 <0.01~1.78 μg/g 和 0.01~2.54 μg/g,TOC 含量范围分别为 <0.01~10.66% 和 0.02~0.24%。在大同盆地和华北平原,观察到沉积物碘和 TOC 之间呈正相关,表明有机物在地下水系统的碘运移中起着至关重要的作用(图 6.6)。大同盆地和华北平原中的沉积物 $\delta^{13}C_{org}$ 特征分别从 −25.14‰ 变化到 −22.64‰ 和从 −24.99‰ 变化到 −17.49‰,这与 C3 植物和沉积矿床以及变质岩和岩浆岩的特征一致(Kohn,2010;Rao et al.,2017)。

大同盆地和华北平原含水层沉积物中的铁主要赋存于残留态中,其占比分别为 68%~88% 和 77%~97%。在大同盆地和华北平原,$Fe_{强结晶态}$ 的范围分别为 5.57%~22.6% 和 3.56%~20.6%,5.75%~21.2% 和 0.62%~4.00% 的沉积物铁分别与无定形至弱结晶的次生氧化铁/氢氧化铁有关,这表明大同盆地沉积物经历了更强烈的铁矿物转化过程(图 6.5)。在大同盆地和华北平原,HCl 可提取态 $Fe(Ⅱ)$ 占 $Fe_{总}$ 的 1.72%~49.9% 和 0.01%~3.77%。XRD 结果还表明,华北平原沉积物和大同盆地浅层沉积物中的铁矿物以针铁矿为特征,而大同盆地深层沉积物中可以观察到一些富含二价铁的矿物,如黄铁矿和磁铁矿。

五、影响地下水系统碘迁移转化的主控因素

在微生物批实验中,华北平原(NCP)沉积物释放的碘和 HCl 可提取态 $Fe(Ⅱ)$ 比率的变化如图 6.7 所示。开展室内微宇宙实验的两个华北平原沉积物分别以青色黏土和混合青褐色粉砂为特征,采样深度分别为 179 m 和 285 m,碘含量分别为 2.54 μg/g 和 0.27 μg/g。在 10 d 的实验期间,在添加 MR-1 及外源有机质的实验组中,两个沉积物溶解态碘的浓度分别从 2.43 μg/L、1.30 μg/L 升高至 36.7 μg/L、4.80 μg/L[图 6.7(a)—(d)]。两个沉积物 HCl 可提取态 $Fe(Ⅱ)$ 的比例也逐渐增加,表明在沉积物铁矿物的转化过程中,碘从沉积物释放到地下水中,同大同盆地相类似,在华北平原沉积物中铁矿物是固相碘的潜在赋存载体。对于 281 m 深的大同盆地沉积物,其特征为灰绿色粉质黏土,在微生物批实验期间没有观察到沉积物碘的明显释放。值得注意的是,未处理的沉积物的 HCl 可提取态 $Fe(Ⅱ)$ 占比高达 25% 左右,在 10 d 微宇宙培养实验后未观察到该比值的明显增加,表明大同盆地深层沉积物已经发生了较为明显的沉积物铁矿物的转化,导致与之相赋存的碘释放进入到地下水中。

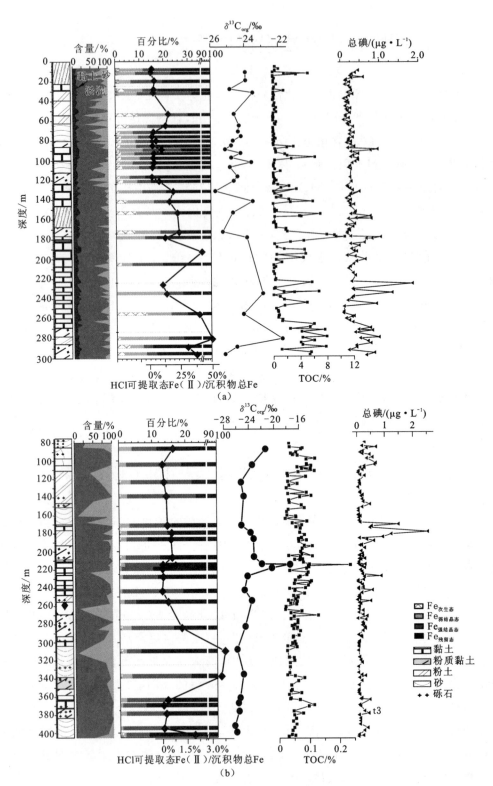

图 6.5 大同盆地(a)和华北平原(b)沉积物理、化学性质组成垂向分布特征

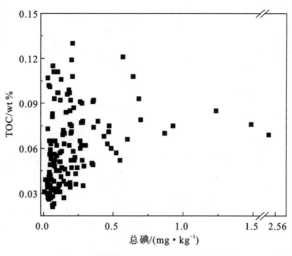

图 6.6　沉积物碘与有机质散点图

在大同盆地和华北平原,河流和湖泊沉积物以水平层状、交叉层状的河流-湖泊相沉积物、灰绿色粉砂岩和灰黄色砂岩为特征,粉砂质和黏土质沉积物通常富含有机质。天然有机物是沉积物碘的重要赋存载体(Englund et al.,2010)。大同盆地沉积物的化学连续提取结果表明,沉积物中有机物及其相关的铁氧化物是沉积物碘的主要赋存载体,复杂的水文-生物地球化学过程导致沉积物碘的释放。

在大同盆地和华北平原,$\delta^{13}C_{DIC}$更偏负的地下水样品常具有较高的HCO_3^-浓度。硅铝酸盐矿物的化学风化、碳酸盐矿物(方解石和白云石)的溶解/沉淀以及有机物的生物降解等一系列水文地球化学过程,控制着地下水HCO_3^-的浓度(Wang et al.,2009)。在补给区,铝硅酸盐矿物的化学风化吸收大气中的CO_2,并控制了地下水系统的无机碳通量,大气CO_2的$\delta^{13}C_{DIC}$特征约为$-8‰$(Jin et al.,2014;Chalk et al.,2015)。大同盆地和华北平原补给区地下水的$\delta^{13}C_{DIC}$值分别为$-9.79‰$和$-7.86‰$,表明硅铝酸盐矿物的化学风化对这两个区域的地下水的$\delta^{13}C_{DIC}$特征起着主导作用。大同盆地、华北平原的所有地下水样品中方解石和白云石均处于过饱和状态,在方解石的沉淀过程中地下水中^{12}C优先被去除,导致地下水富含^{13}C并具有较低的HCO_3^-浓度(图6.8)。然而,在大同盆地的地下水中观察到较华北平原平原样品变化范围更大、比值更低的$\delta^{13}C_{DIC}$特征,这表明除了上述水文地球化学过程外,其他过程,如天然有机碳的微生物降解等,在大同盆地起着更为重要的作用。高碘地下水通常具有较高的HCO_3^-浓度和较低的^{13}C的$\delta^{13}C_{DIC}$特征(图6.8),天然有机质的生物降解过程常可导致地下水富集^{12}C,表现出$\delta^{13}C_{DIC}$降低的特征。因此,在大同盆地,微生物活动在地下水系统中起着至关重要的作用,沉积物$\delta^{13}C_{org}$和铁矿物组成特征进一步支持了这一观点,木质素等难降解有机物的选择性保存会导致^{13}C随深度的

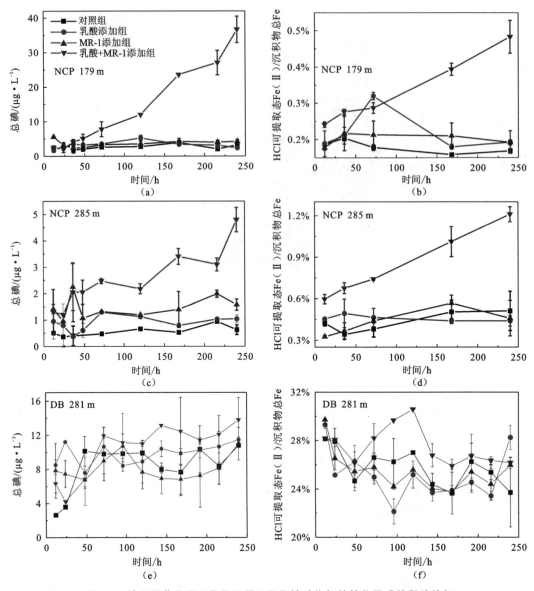

图 6.7 铁还原菌作用下华北平原沉积物铁矿物相的转化及碘的释放特征

消耗(Krull et al.,2000;Wilson et al.,2005;Wilson,2017)。在大同盆地,虽未观察到沉积物 $\delta^{13}C_{org}$ 随深度明显变化的趋势,但深层沉积物常具有更高的 $\delta^{13}C_{org}$(图 6.5)。通常,沉积物有机物的分解导致 ^{13}C 在微生物分解的固体产物中优先积累,而微生物分解的固态产物可以通过细矿物颗粒进一步稳定(Wynn et al.,2005;Wynn,2007;Han et al.,2020)。如果沉积物有机质受到强烈的生物降解作用影响,除了生物碎屑外,沉积物有机组分还由微生物处理的有机质组成,沉积物 $\delta^{13}C_{org}$ 的差异将反映异养生物对有机质的处理程度。假设沉积物中的有机质分解成原始碳浓度的一小部分,并且钻孔沉积物中的最高碳浓度是原始分解的有机物，那么可通过将每个沉积物样品的 TOC 除以最大 TOC 来估计分解的有机质的分数。假设有机碳同位素的分馏遵循瑞利蒸馏过程，模拟的生物量初始组成约为-26‰，这是 C3 植物的典型值(Lu et al.,2020)。结果见图 6.9,分解过程中瑞利分馏可以解释大同盆地部分沉积物样品 TOC 的变化趋势($F<0.4$)。TOC 含量较高的沉积物则富集 ^{13}C,这可能与有机质的强降解有关。据报道，受微生物影响的有机质的 $\delta^{13}C$ 值可能比原始生物量高出约 6‰(Wynn,2007)。与此类似，在华北平原观察到沉积物 $\delta^{13}C$ 的下降趋势，这与有机物降解引起的典型的 $\delta^{13}C_{org}$ 随深度富集的趋势不一致[图 6.5(b)](Wynn,2007)。除 220 m 左右深度外,$\delta^{13}C_{org}$ 呈逐渐下降趋势，表明有机质降解并不是引起华北平原沉积物 $\delta^{13}C_{org}$ 变化的主要过程，它可能与沉积物有机碳的物源有关(Lu et al.,2020)。

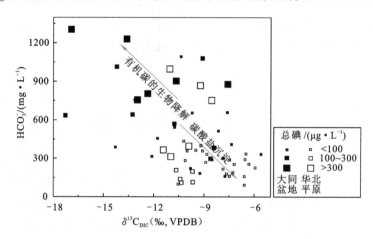

图 6.8 大同盆地和华北平原地下水样品 $\delta^{13}C_{DIC}$ 与 HCO_3^- 关系图

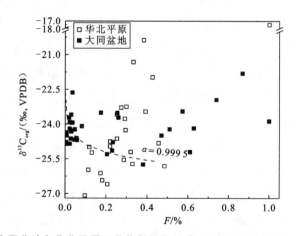

图 6.9 大同盆地和华北平原沉积物样品有机碳(F)与沉积物 $\delta^{13}C_{DIC}$ 的相关性

注：假定有机质的生物降解是控制沉积物有机碳演化的主导过程，则 F 可由沉积物 TOC 与最大沉积物 TOC 的比值计算。拟合线是分解过程中有机碳同位素的瑞利分馏，分馏因子为 0.999 5,生物质的初始组成约为-26‰，这是 C3 植物有机碳同位素组成特征。

除了无机/有机碳外,微生物活动可能影响沉积物中铁矿物的转化,从而引起地下水系统中碘的迁移,这一过程在大同盆地和华北平原的沉积物铁矿物赋存形态中得到了很好的体现。在大同盆地,HCl 可提取态 Fe(Ⅱ)/沉积物总 Fe 随深度增加而增加,最大比例为 49.9%,而在华北平原,这一比值最高为 3.77%(图 6.5)。同时我们在大同盆地观察到比华北平原占比更高的次生和弱结晶铁矿物。这表明在大同盆地,有机质的生物降解促进了沉积物铁矿物的还原性转化,如从结晶铁矿物到弱结晶或次生铁矿物。有机质的生物降解和铁矿物的还原溶解促进沉积物碘释放到地下水中,以(弱)还原条件和弱碱性为特征的地下水环境进一步有利于地下水中的碘以碘化物形式富集。相比之下,在华北平原,地下水系统经历了较低程度的有机质降解和铁矿物的转化。如图 6.5 所示,大多数沉积物的 HCl 可提取态 Fe(Ⅱ)/沉积物总 Fe 的比值低于 0.5%,这表明,在华北平原,有机质和铁矿物所负载的固相碘是相对稳定,在含水层沉积物中保存较好。

六、华北平原黏土孔隙水中碘富集的潜在机制

与大同盆地不同,华北平原第Ⅱ、Ⅲ含水层间发育巨厚黏土层,黏土孔隙水碘浓度较高,被认为是区域深层地下水碘的主要来源之一,地下水过度开采导致的沉积物压实促进了孔隙水向含水层释放。华北平原黏土沉积物中截留的孔隙水具有较高浓度的碘,最高可达 830 μg/L,孔隙水 Cl/Br 摩尔比变化范围为 713~2160(Xue et al.,2019)。有两种机制可以解释碘在孔隙水中的富集,如图 6.10 所示,碘浓度相对较高(>300 μg/L)的孔隙水 Cl/Br 摩尔比通常接近渤海海水。在华北平原,早更新世后发现 6 次海侵和海退事件,对应于沿海地区浅于 290 m 的深度,并且海洋碘可以在含水层中保存或开采(Lin et al.,2012;Yi et al.,2016)。华北平原沉积物连续提取物结果表明,越靠近渤海湾,沉积物可溶性和可交换态碘的贡献占比越大,在 270 m 左右的深度,两种赋存态碘的占比达 92%(Xue et al.,2022),在地面沉降黏土层压密释水过程中上述两种赋存态碘易被释放进入到孔隙水中,因此,高碘地下水的 Cl/Br 摩尔比约为 1000(图 6.10)。另一种机制是有机质的局部生物降解和铁矿物的转化,在 300 m 左右的深度,HCl 可提取态 Fe(Ⅱ)/沉积物总 Fe 更高(图 6.5)。如上所述,有机质生物降解引发的沉积物铁矿物的还原转化将促进沉积物碘的释放(图 6.7),因此,Cl/Br 摩尔比>2000 的孔隙水的碘浓度约为 100 μg/L(图 6.10)。此外,部分华北平原地下水样品表现出较高的碘、HCO_3^- 浓度以及较低的 $\delta^{13}C_{DIC}$,这进一步说明有机质的微生物降解驱动铁矿物的局部转化。

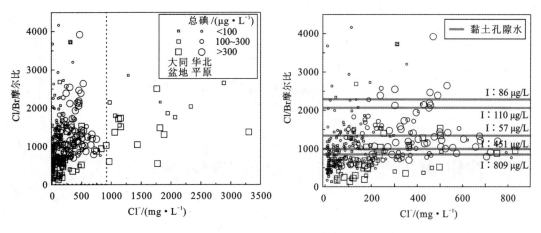

图 6.10 大同盆地和华北平原地下水 Cl^- 含量与 Cl/Br 摩尔比图

七、本章小结

高碘地下水普遍分布于大同盆地和华北平原地下水的排泄区,碘浓度范围分别为 6.2~1380 μg/L 和 2~1106 μg/L。这两个地区的高碘地下水具有相似的地下水环境特征,包括还原或弱氧化条件,弱碱性,碘离子为主要赋存形态。在大同盆地,深层含水层相对稳定的还原条件有利于沉积物铁矿物的转化,铁矿物是沉积物碘的主要载体,从而导致沉积物碘以碘化物的形式释放到地下水中,这一过程是由强烈的微生物活动驱动的,地下水 $\delta^{13}C_{DIC}$ 和沉积物 $\delta^{13}C_{DIC}$ 的特征均反映了这一过程。相比之下,在华北平原,富含碘的孔隙水是地下水碘的主要来源,孔隙水 Cl/Br 摩尔比和化学性质表明,孔隙水中碘浓度高达 830 μg/L,这与多次海侵有关,300 m 左右深度孔隙水中碘浓度在 100 μg/L 左右,与沉积物铁矿物局部转化有关。

第七章

华北平原高碘地下水的微生物成因研究

微生物在碘的形态转化方面发挥着重要作用,从而影响了碘在沉积物和地下水中的迁移、富集。微生物参与碘循环的主要过程如图7.1所示。参与碘循环的微生物大部分分离于海洋,在海洋中发现一些可以固定碘的微生物(Amachi et al.,2005),如藻类 *Laminaria digitata*(掌状海带),菌株 *Flavobacteriaceae strain*(气味黄杆菌株)C-12,它们能将环境中的 I^- 通过钒依赖型过氧化物酶(VDI)氧化为次碘酸(HIO),HIO和单质碘(I_2)可以与有机物共价结合而形成 I_{org}。在海洋沉积物和海水中也发现了参与碘氧化微生物 *Roseovarius*(抑云玫瑰变色菌)spp.(Fuse et al.,2003),这种微生物不仅参与碘氧化过程,还能利用有机酸产生 I_{org},如 CH_3I、CH_2ClI、CH_2I_2、CHI_3,参与的碘氧化酶被认为与多铜氧化酶相似。实验证明,过氧化氢和有机酸均能促进碘氧化过程,两者结合形成的过氧羧酸更是一种强氧化剂,过氧化氢和有机酸受 pH 值影响较大,在 pH<6 的条件下,有利于碘氧化。因此在土壤和沉积物中,微生物分泌的有机酸和过氧化氢间接地促进了碘的氧化及有机化(Lee et al.,2020),但这种过程很缓慢。

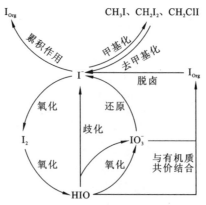

图 7.1 微生物介导的碘的形态转化

在陆地环境中,微生物对碘的富集能力低于海洋中的微生物,目前还未发现具有富集高碘能力的微生物,因此地下水环境中的微生物主要与碘酸盐还原和有机碘代谢有关。参与碘还原的微生物有很多,如异化碘酸盐还原菌、硝酸盐还原菌、铁还原菌和硫酸盐还原菌等。异化碘酸盐还原菌通过异化碘酸盐还原基因簇 $idrABP1P2$ 还原 IO_3^- 为 I^- 并获得能量支撑细胞增长(Yamazaki et al.,2020)。硝酸盐还原菌不仅能还原 NO_3^-,同时也被证明可以还原 IO_3^-。在厌氧条件下,硫酸盐还原菌 *Desulfovibrio desulfuricans* ATCC 29577 和铁还原菌 *Shewanella oneidensis* MR-1 也可直接将 IO_3^- 还原为 I^-(Councell et al.,1997;Amachi et al.,2007;Guo et al.,2022)。*Shewanella oneidensis* MR-1 对 IO_3^- 的生物还原过程需要依靠二甲基亚砜(DMSO)还原酶复合物 DmsEFAB 和金属还原酶 MtrABC 的协同作用(Guo et al.,2022;Shin et al.,2022)。此外,铁还原菌和硫酸盐还原菌代谢产生的亚铁和硫化物也被证明可以化学还原 IO_3^- 为 I^-(Councell et al.,1997)。

除参与碘酸盐还原过程外,微生物也参与有机脱卤过程。在还原环境下,厌氧微生物可以将卤代化合物作为电子受体,如产甲烷菌在产甲烷条件下,存在碘苯甲酸盐还原性脱卤过程,最终产生甲烷与二氧化碳。参与微生物脱卤过程的微生物主要包括变形菌纲、绿弯菌门和厚壁菌门中的一些微生物。绿弯菌门中的脱卤拟球菌属和脱卤单胞菌属具有降解有机卤化物的功能(Li et al.,2017)。

一、样品采集及测试分析

1. 样品采集

本研究根据华北平原沧州地区深层地下水流向及碘浓度的大致变化趋势,按照地下水碘浓度梯度选取 5 个典型样品完成地下水及微生物样品采集,野外采样时间为 2021 年 7 月 5 日—15 日。地下水采样、现场测试及室内测试分析技术方法同第六章。用于硫酸盐硫同位素测试的样品,在采样现场向样品中加入过量氯化钡,它与地下水样品中的硫酸盐反应生成硫酸钡沉淀,过夜后,倒出上清液,将沉淀物转移到一个 HDPE 瓶中用于地下水硫同位素分析。硫酸盐沉淀通过离心回收,在同位素分析前仔细清洗并干燥,$\delta^{34}S_{SO_4}$ 在 $BaSO_4$ 转化为 SO_2 后采用同位素比值质谱法结合元素分析仪进行测定,硫同位素比率相对于 Vienna Canyon Diablo Troilite(V-CDT),以每百万(‰)为单位。

微生物样品采集采用 Pellicon 切向流超滤系统富集地下水中的微生物,在取样之前,使用高流量泵清洗井至少 20 min。具体方法如下:首先架好切向流(冲洗和清洗),

现场地下水抽取 30 min 后,将抽出来的新鲜水装入 2000 L 的水桶中,用抽滤设备过孔径为 0.8 μm 滤膜去除水中杂质,随后用切向流浓缩。将浓缩后的样品用一次性无菌 50 mL 注射器加装夹膜滤器过滤,将切向流浓缩液中微生物富集到微生物膜上。用镊子将过滤后的微生物膜装入一次性无菌 50 mL 离心管后,置于冰盒中保存,随后于干冰箱中储存带回实验室,在 −80 ℃ 下保存,进行后续 DNA 提取实验。

2. DNA 的提取、宏基因组测序及数据分析

微生物膜剪碎后使用 MoBio PowerSoil DNA Isolation Kit 试剂盒提取样品 DNA,经 Nanodrop 2000 检测合格后送至广东美格基因科技有限公司构建文库。先使用 Covaris M220 聚焦超声仪将基因组 DNA 随机剪切成约 350 bp 的小片,再使用 NEB Next Ultra DNA Library Prep Kit for Illumina 试剂盒构建测序文库,最后使用 Qubit 3.0 荧光计和 Agilent 4200 系统评估文库质量,并在 Illumina HiSeq X 10 平台上进行高通量测序。每个样本的 reads 数目约为 11 Gbp(2×150 bp)。宏基因组学的原始测序数据提交至 NCBI SRA 数据库,检索号为 PRJNA877027。

宏基因组测序数据分析具体步骤如下。

(1) 数据的质控、去接头和筛选非宿主序列:下机后的数据需要先使用 Trimmomatic(v0.39)软件将原始序列去除接头和低质量序列,再用 Fastqc 软件进行质量评估,最后使用 Bmtagger 筛选非宿主序列得到用于进一步分析的 clean reads。

(2) 物种注释:使用 Kraken2(v2.1.0)软件,对 clean reads 进行物种注释,用于物种组成分析、α 多样性与 β 多样性分析。

(3) 组装、基因预测和功能注释:使用 MetaSPAdes(v3.15.0)将每个样本的 clean reads 进行组装,选取组装后序列长度大于 500 的 contigs,采用 MetaProdigal(v2.6.3)软件预测 ORFs,cd-hit 进行基因聚类与去冗余,Salmon(v1.3.0)软件进行基因定量。最后使用 HMMSEARCH(v3.3.1)根据 KOfam[一个由 KEGG 同源性定制的隐马尔可夫模型(HMM)数据库]进行功能注释。利用异化碘酸盐还原酶基因($idrA$)的 profile-HMM 搜索阈值大于 640 的结果,并采用 FastTree(v2.1.11)构建最大似然系统发育树,进一步筛选 $idrA$ 基因序列。FeGenie(v1.0)用于识别编码铁还原基因的 ORFs。鉴于 DsrAB 型异化亚硫酸盐还原酶是一种能够同时驱动硫循环还原和氧化的酶,将这些 $drsA$ 的氨基酸序列与 dsrAB/DsrAB 数据库的 $drsA$ 中的参考序列进行比对,然后利用 FastTree 构建了最大似然系统发育树。

(4) 分箱和宏基因组组装基因组(MAGs)的分析:采用 MetaWRAP(v1.3)进行分箱得到 MAGs,保留完整性>70%、污染度<5% 的中、高质量 MAGs 用于下游分析。利用基因组分类数据库工具包(GTDB-Tk v1.4.1)的 classify_wf 和 de_novo_wf 模块分别对 MAGs 进行物种注释,并构建 MAGs 的系统发育树。使用 Interactive Tree of Life

(iTOL v6)(https://itol.embl.de/)在线工具对生成的进化树文件 Newick 进行可视化和修饰。使用 HMMSEARCH 根据 KOfam 数据库对 MAGs 中的 QRFs 进行功能注释。使用 KEGG-decoder.py（https://github.com/bjtully/BioData/tree/master/KEGGDecoder）脚本对代谢途径的完整性进行评估。此外，利用 *idrA* 和 FeGenie 的 profile-HMM 分别寻找编码碘酸盐还原基因和铁还原基因的 ORFs。

3. *idr* 基因簇（*idrABP1P2*）的克隆和功能鉴定

实验所用的主要培养基为 LB 培养基和 M1 培养基。本实验中所用的菌株和质粒如表 7.1 所示。

表 7.1 实验所用菌株及质粒

	菌株/质粒	菌株/质粒概况
菌株	*E.coli* DH5α	克隆
	WM3064	大肠杆菌 DAP 缺陷型，通过接合作用将重组质粒转移到 MR-1
	DH5α-pBBR1MCS-2	含有空载质粒 pBBR1MCS-2 的 DH5α
	DH5α-pBBR1MCS-2-*idrABP1P2*	含有重组质粒 pBBR1MCS-2-*idrABP1P2* 的 DH5α
	S. oneidensis MR-1 WT	希瓦氏菌 MR-1 野生型
	Δ*dmsEFAB*	WT 的 *dmsEFAB* 缺陷型
	Δ*dmsEFAB* -pBBR1MCS-2	含有 pBBR1MCS2 空载质粒的 Δ*dmsEFAB* 突变株
	Δ*dmsEFAB* -pBBR1MCS-2-*idrABP1P2*	含有 pBBR1MCS-2-*idrABP1P2* 重组质粒的 Δ*dmsEFAB* 突变株
质粒	pBBR1MCS-2	用于表达载体的构建，含有 kana 抗性基因
	pBBR1MCS-2-*idrABP1P2*	含有 *idrBP1P2* 基因簇的重组表达载体质粒

1) *idrABP1P2* 基因簇片段的扩增和合成

根据 *idrABP1P2* 基因簇序列，设计引物，使用 PCR 扩增技术获得目的基因：以地下水样品 CZ05 的 DNA 为模板，利用特定合成的引物进行 PCR 扩增，反应条件为：98 ℃预变性 3 min；98 ℃变性 10 s，68 ℃退火延伸 3 min，共 35 个循环；72 ℃总延伸 10 min。PCR 结束后，使用 0.7% 琼脂糖凝胶电泳验证 PCR 产物，用照胶仪检测后切取正确条带长度并用 GeneJET 凝胶回收试剂盒纯化产物。具体操作步骤如下：按照体积比 1∶1 将融胶液（binding buffer）加入至装有目的片段胶块的离心管中；放入 55 ℃的金属浴中加热多次并颠倒至胶块完全溶解；转移上述液体至吸附柱上，静置 1 min 后以

12 000 rpm的转速离心1 min,弃滤液;加入700 μL含有无水乙醇的洗脱液,以12 000 rpm的转速离心1 min,弃滤液,重复一遍这一步骤后再空转2 min;将吸附柱放入新的1.5 mL离心管中并静置5~10 min;向吸附柱中加入灭菌水,静置3~5 min后以13 000 rpm的转速离心1 min洗脱得到纯化片段,使用NanoDrop测得产物浓度。由于CZ04样品DNA浓度较低,PCR扩增失败,因而将它送到擎科生物公司进行基因合成。

2) 重组表达载体的构建与鉴定

首先进行pBBR1MCS-2质粒的提取,从−80 ℃冻存的甘油菌种保藏管中将带有pBBR1MCS-2的大肠杆菌DH5α划线至固体LB(50 mg/L Kan)平板,37 ℃恒温条件下培养获得DH5α单克隆。将单克隆接种至液体LB培养基,37 ℃、120 rpm过夜培养至对数中后期待用;取1~5 mL的新鲜DH5α菌液采用SteadyPure质粒DNA提取试剂盒进行质粒DNA的提取。具体操作如下:以12 000 rpm的转速室温下离心2 min弃上清液收集细胞;用250 μL的Buffer RS(含RNase A)重悬细胞,直至悬浮液中没有菌块残留;加入250 μL的Buffer LS并轻柔上下颠倒混匀6~8次直到溶液变澄清;再向上步骤的液体中加入350 μL预冷的Buffer BS并轻柔上下颠倒混匀6~8次,静置2 min,室温下以12 000 rpm的转速离心10 min;将上清液加至吸附柱中,静置1 min,室温下以12 000 rpm的转速离心,1 min,弃滤液,再重复这一步骤;向吸附柱中加入500 μL的Buffer WA,室温下以12 000 rpm的转速离心1 min弃滤液;向吸附柱中加入750 μL的Buffer WB(使用前加入指定体积的无水乙醇),室温下以12 000 rpm的转速离心1 min,弃滤液,再重复这一步骤一次;将吸附柱离心2 min去掉多余的液体;将吸附柱置于新的1.5 mL离心管中,向吸附柱中加入50 μL灭菌水,静置3~5 min,室温下以12 000 rpm的转速离心1 min洗脱得到质粒DNA,使用NanoDrop测得质粒的浓度。

利用限制性内切酶HindⅢ和XbaI分别对质粒pBBR1MCS-2和上一步PCR纯化产物进行双酶切,酶切成功后纯化酶切产物,通过T4连接酶连接纯化后的酶切产物构建重组表达质粒,再将重组表达质粒热激转化至DH5α感受态细胞,具体操作如下:从−80 ℃超低温冰箱取出一管100 μL E.coli DH5α感受态细胞于冰上融化;取10 μL重组产物加入至100 μL E.coli DH5α感受态细胞中,用枪头轻轻搅动混匀(此过程置于冰上完成),在冰上静置30 min;42 ℃热激转化45 s,立即在冰上冷却2~3 min;向管内加入900 μL LB液体培养基,150 rpm、37 ℃摇菌活化1 h;取100 μL混合菌液用无菌涂布棒在LB+Kan的平板上均匀涂抹,5000 rpm离心活化菌液,弃掉800 μL上清液,用剩余培养基重悬,用无菌涂布棒在LB+Kan的平板上均匀涂抹;将涂布好的平板放入37 ℃培养箱中倒置培养12~16 h;在平板上挑取单菌落至含有kana的LB液体培养基中过夜培养;使用M13F-M13R引物进行PCR验证并挑选阳性克隆子,测序;将测序结果正确的菌液甘油保种放入-80 ℃冰箱保存。

提取正确克隆子的重组质粒 pBBR1MCS-2-idrABP1P2,电转至希瓦氏菌 ΔdmsEFAB 突变株感受态细胞中,经 30 ℃、150 rpm 活化菌 2 h 之后涂平板至抗性筛选平板,挑取单克隆摇菌后进行酶切验证。具体操作如下:使用 LB 培养基在 30 ℃、120 rpm 条件下过夜培养 ΔdmsEFAB 突变株;取 1 mL 菌液加入至 1.5 mL 的离心管中,16 000 g 离心 2 min,弃上清液(尽量弃干净);使用 300 mmol/L 已灭菌冷却的蔗糖溶液吹打重悬菌体,16 000 g 离心 2 min,弃上清液;重复上述步骤;再加入 100 μL 蔗糖溶液重悬,将已准备好的重组质粒(200~300 ng)加入至感受态细胞中;以 250 kV 的电压电转,加入 900 μL LB 培养基重悬菌体并放入 200 rpm 摇床活化 2 h;将上述菌液以 5000 rpm 的转速离心 2 min,弃上清液;使用 100 μL 的 LB 重悬,涂布至含有 kana 抗性基因的平板上倒置培养 12~16 h 直至长出单菌落;PCR 筛选出阳性克隆子。

同时将空载质粒 pBBR1MCS-2 转入相应的感受态细胞,在 LB+Kan 平板上筛选转化子,对能够在抗性平板上生长起来的克隆子进行 PCR 验证,得到空载菌株。

3) 重组表达载体的异源表达

蘸取-80 ℃冻存的菌液 DH5α-pBBR1MCS-2-idrABP1P2、ΔdmsEFAB-pBBR1MCS-2-idrABP1P2 划线至 LB(50 mg/L Kan)琼脂平板上,分别于 37 ℃和 30 ℃培养箱内过夜培养后挑取单克隆于 50 mL 液体 LB 培养基(50 mg/L Kan)中,待细菌长至对数期,其中大肠杆菌 OD_{600}=1.6、希瓦氏菌 OD_{600}=1 左右,将上述菌液转入 50 mL 离心管中,在 6000 g、4 ℃条件下离心 10 min,弃掉上清液;再向其中加入 20 mL 灭菌不含电子供受体的 M1 培养基重悬菌体,在相同条件下再次离心,弃掉上清液,重复清洗 3 次;最后以 20 mL 上述培养基重悬菌体沉淀得到菌悬液。将所得菌悬液作为接种母液,按 1% 的接种量接种至新的 30 mL 无氧 M1 液体培养基中($CaCl_2$、Fe_2SO_4 和 $NaIO_3$ 母液在接种之前加入培养基中),保证接种之后的初始 OD_{600} 为 0.1,选取乳酸钠为电子供体、250 μmol/L 碘酸钠为电子受体,同时以空载转化株 DH5α-pBBR1MCS-2、ΔdmsEFAB-pBBR1MCS-2 和 DH5α 野生菌、ΔdmsEFAB 突变株作为对照组,将不接种细菌的培养基作为空白对照组,以等量的无菌水代替。将样品放入摇床培养,培养条件分别为 25 rpm、37 ℃和 25 rpm、30 ℃,在预定的时间点(0 h、4 h、8 h、12 h、24 h、48 h、72 h、96 h、120 h)取样。

用碘化钾紫外分光光度计法测定 IO_3^- 的含量,从上述厌氧培养基中取约 0.6 mL 的样品,再用孔径为 0.22 μm 的水系滤头过滤,加入至 1.5 mL 的离心管中,即过滤后的样品稀释 5 倍。取 1 mL 稀释后的样品至新的 2 mL 离心管中,再加入 800 μL 的 0.25 mol/L 柠檬酸钠溶液(pH=3.3)和 200 μL 的 750 mmol/L 碘化钾溶液(避光保存)使总体积为 2 mL。将这 2 mL 样品全部加入至石英比色皿中,在波长为 352 nm 处测得吸光度值，根据标准曲线进行浓度计算。

孵育 120 h 后，用离子色谱测定产生的 I^- 的浓度。从上述厌氧培养基中取约 6 mL 的样品，过孔径为 0.22 μm 的水系滤头后，再过氢柱（IC 预处理柱），主要除去培养基中的金属离子，然后上机测量。此外碘酸盐还原酶属于钼氧化还原酶的 DMSO 还原酶超家族，需要钼作为辅助因子。因此，在 M1 培养基中加入 1.2 μmol/L、12 μmol/L、120 μmol/L、1200 μmol/L 4 个浓度梯度的钼酸钠，以确定含有 idrABP1P2 基因簇的突变体的微生物碘酸盐还原是否依赖于钼。

4. 统计分析方法

使用 R(v4.2.1) 中的 psych 软件包计算了地球化学参数、微生物种类和功能基因之间的斯皮尔曼相关性（用 Benjamini-Hochberg 方法校正 p 值）。利用 R 中的 vegan 包，基于物种和基因表的 Bray-Curtis 差异矩阵，构建非度量多维排列（NMDS），以分析微生物群落组成和功能潜力的差异。通过 TBtools 使微生物物种和功能基因之间的热图及其与地球化学参数的斯皮尔曼相关性可视化了。采用 t-tests 评价野生型、空载体与含有 idrABP1P2 基因簇突变体之间碘化物含量差异的显著性。采用 Prism(v8.1.1) 进行基因丰度之间的线性回归分析。

二、水化学组成特征

地下水样品理化参数的现场测试及室内实验数据汇总于表 7.2。地下水系统呈弱碱性和还原性，pH 值为 7.90～9.05，Eh 值为 -204.0～-113.6 mV。总碘浓度从 CZ01 的 42.9 μg/L 逐渐增加到 CZ05 的 649.0 μg/L，I^- 为地下水系统中碘的主要存在形态，浓度分布范围为 28.5～548.0 μg/L，占总碘的 65%～98%。由于未检出 IO_3^-，因而 OI 浓度约占总碘的 2%～35%。样品总碘浓度、I^- 浓度沿地下水流向增加，越靠近滨海地带，碘浓度越高。在碘含量相对较高的 CZ03—CZ05 样品中，检测到硫化物的存在（6～17 μg/L）。水中阳离子以 Na^+ 为主，浓度分布范围为 253～453 mg/L，平均值为 365 mg/L，Ca^{2+}、Mg^{2+}、K^+ 含量均较低，均值都小于 10 mg/L。地下水中主要阴离子为 Cl^-、SO_4^{2-} 和 HCO_3^-，其浓度分别为 149.2～478.6 mg/L、120.3～357.2 mg/L 和 191.5～473.2 mg/L。碘含量相对较高的 CZ03—CZ05 样品中还存在一定的 CO_3^{2-}。随着碘浓度的增加，地下水中的 $\delta^{34}S_{SO_4}$ 值从 15.6‰ 逐渐上升到 43.3‰。地下水样品中 NH_4^+（≤0.52 mg/L）、NO_2^-（≤0.01 mg/L）和 NO_3^-（<0.02 mg/L）、溶解亚铁（<0.02 mg/L）和 $Fe_{总}$（0.02～0.08 mg/L）的浓度均较低。DOC 浓度范围为 7.1～11.1 mg/L，平均值为 8.5 mg/L。显著性检验结果显示，I^- 和总碘的浓度与 $\delta^{34}S_{SO_4}$ 和 CO_3^{2-} 的含量呈显著正相关。

表7.2 华北平原沧州地区5个地下水样品的理化性质

参数	CZ01	CZ02	CZ03	CZ04	CZ05
$T/℃$	20.20	19.60	18.80	19.80	24.50
pH 值	7.90	8.94	9.05	8.60	8.99
$EC/(\mu S \cdot cm^{-1})$	1814	1197	1677	1690	1525
$TDS/(mg \cdot L^{-1})$	1 065.94	704.2	1109	1 314.8	1147
Eh/mV	−203.0	−113.6	−204.0	−175.1	−196.4
$DOC/(mg \cdot L^{-1})$	8.4	11.1	7.6	8.4	7.1
$NH_4^+/(mg \cdot L^{-1})$	bdl	0.52	0.08	0.11	0.09
$NO_3^-/(mg \cdot L^{-1})$	bdl	bdl	bdl	bdl	bdl
$NO_2^-/(mg \cdot L^{-1})$	0.01	0.01	0.01	0	0
$Fe_总/(mg \cdot L^{-1})$	0.02	0.04	0.08	0.04	0.07
$Fe^{2+}/(mg \cdot L^{-1})$	bdl	bdl	bdl	bdl	bdl
$S^{2-}/(\mu g \cdot L^{-1})$	bdl	bdl	11	17	6
$Br/(\mu g \cdot L^{-1})$	398	529	520	949	402
总碘$/(\mu g \cdot L^{-1})$	42.9	123.8	365.4	529.6	649.0
$I^-/(\mu g \cdot L^{-1})$	28.5	80.7	359.9	445.0	548.0
$IO_3^-/(\mu g \cdot L^{-1})$	bdl	bdl	bdl	bdl	bdl
$OI/(\mu g \cdot L^{-1})$	14.4	43.1	5.51	84.6	101
$Na^+/(mg \cdot L^{-1})$	302	253	396	453	424
$Ca^{2+}/(mg \cdot L^{-1})$	13.4	bdl	9.07	18.4	7.16
$Mg^{2+}/(mg \cdot L^{-1})$	11.60	1.59	1.43	3.92	2.84
$K^+/(mg \cdot L^{-1})$	0.48	1.74	1.30	0.97	1.78
$F^-/(mg \cdot L^{-1})$	1.73	2.83	3.23	4.45	3
$Cl^-/(mg \cdot L^{-1})$	276.9	149.2	328.9	478.6	263.2
$SO_4^{2-}/(mg \cdot L^{-1})$	357.2	139.9	120.3	130.1	134.6
$CO_3^{2-}/(mg \cdot L^{-1})$	7.3	bdl	71.2	100.1	73.3
$HCO_3^-/(mg \cdot L^{-1})$	191.5	312.9	355.8	250.3	473.2
$\delta^{34}S_{SO_4}/‰$	15.6	23.6	33.4	37.4	43.3

注:bdl 为低于检测限;NH_4^+、NO_3^-、Fe^{2+} 和 $Fe_总$ bdl 为 < 0.02 mg/L;NO_2^- bdl 为 < 0.002 mg/L;S^{2-} bdl 为 < 5 μg/L;IO_3^- bdl 为 0.025 μg/L。

综合上述信息,研究区域深层地下水以高 Na^+、SO_4^{2-}、Cl^-、HCO_3^- 为特征,处于一种弱碱性还原环境。地下水中 I^- 浓度约为 HCO_3^-、SO_4^{2-} 浓度的千分之一,且碘含量较高的地下水样品 CZ03—CZ05 存在一定含量的 CO_3^{2-},高浓度的阴离子对 I^- 等微量离子产生强烈的离子交换作用,促使沉积物吸附的 I^- 释放,说明在弱碱性地下水环境中,HCO_3^-、CO_3^-、SO_4^{2-} 能与 I^- 竞争吸附位点,将铁矿物上的 IO_3^- 和 I^- 解吸释放到地下水中。此外在高含量碘的地下水样品中检测到了硫化物,由于细菌优先使用 ^{32}S 硫酸盐,剩余的硫酸盐在 ^{34}S 中富集(Li et al.,2011),并且在地下水样品中观察到的日益富集的 $\delta^{34}S_{SO_4}$ 表明含有高浓度碘的地下水中存在异化硫酸盐还原过程,推测这些硫还原微生物可以利用衍生的硫化物直接还原 IO_3^- 或间接促进吸收碘的释放。

三、微生物群落结构和功能潜能

1. 宏基因组组装数据统计

微生物 DNA 测序、质控和组装结果如表 7.3 所示。高通量测序(Illumina HiSeq 2500)得到的原始图像数据文件经碱基识别(base calling)分析转化为原始测序序列(raw reads)。各采样点 raw reads 平均值为 36 063 676,平均长度为 10 819 102 920 bp,每个样本共收集约 10.3 Gbp 的干净数据。各样品 clean reads Q20、Q30 均超过 90%,contigs 条数为质控后的序列组装成不同长度的重叠群,碱基中 GC 含量在 58.6%~61.1%之间,整体上各值接近。蛋白质编码基因的数量为 1 318 473~2 467 902,平均值为 1 699 905。

表 7.3 地下水样品中宏基因组数据预处理的统计信息

宏基因组组装统计结果	CZ01	CZ02	CZ03	CZ04	CZ05
raw reads 条数	38 573 747	36 467 278	34 380 414	34 165 668	36 731 275
raw reads 长度/bp	11 572 124 100	10 940 183 400	10 314 124 200	10 249 700 400	11 019 382 500
clean reads 条数	36 962 505	35 114 036	33 393 980	32 893 886	35 297 074
clean reads 长度/bp	10 937 932 207	10 393 162 677	9 904 670 576	9 744 793 594	10 445 428 647
clean reads Q20/%	97.728 5	97.808 1	98.057 8	97.926 8	97.784 4
clean reads Q30/%	93.168 5	93.398 8	93.961 5	93.766 2	93.312 5
contigs 条数(>0 bp)	938 625	1 931 734	1 374 448	1 075 571	1 174 429
contigs 条数(≥1000 bp)	83 338	127 417	95 228	79 335	76 388

表 7.3（续）

宏基因组组装统计结果	CZ01	CZ02	CZ03	CZ04	CZ05
contigs 条数（≥5000 bp）	9407	10 407	10 510	7983	9285
contigs 条数（≥10 000 bp）	3976	4027	4221	3360	3620
contigs 条数（≥25 000 bp）	1309	1318	1185	991	1120
contigs number（≥50 000 bp）	524	514	443	330	481
最长 contig/bp	88 5554	636 304	556 729	769 446	904 731
N50/bp	2970	1780	2528	2354	2819
GC/%	61.1	60.36	60.28	58.6	60.73
ORFs 条数	1 318 473	2 467 902	1 781 150	1 399 818	1 532 182
ORFs 总长度/bp	558 556 632	905 884 965	677 149 641	547 387 476	591 401 904
ORFs 平均长度/bp	423.64	367.07	380.18	391.04	385.99

2. α 多样性分析

α 多样性是指群落中的物种多样性，基于物种分类得到 OTU 表，计算 α 多样性，选取香农-威纳指数（Shannon-Weiner index）与均匀度指数（equitability index）进行分析（图 7.2），香农-威纳指数与均匀度指数表现出同样的变化趋势，其中 CZ02 具有最大的香农-威纳指数与均匀度指数，表明 CZ02 微生物群落多样性最高，物种分布最均匀，多样性指数从 CZ01 至 CZ02 呈增加趋势，而在 CZ03 处骤减，随后呈下降的趋势。多样性指数表明碘含量低的地下水微生物群落多样性与碘含量高的地下水微生物群落多样性具有明显差异。碘含量低的地下水样品 CZ01、CZ02 物种多样性指数整体高于较高含量碘的地下水样品 CZ03—CZ05，且 CZ04、CZ05 中多样性指数接近，其微生物群落物种组成更为相似。

3. β 多样性分析

根据样本物种数目的差异计算 Bray-Curtis 距离得到系数矩阵，根据系数矩阵排序并绘制 NMDS 图谱（图 7.3），其中图 7.3(a)是基于 reads 的物种组成 β 多样性，图 7.3(b)是基于基因的功能组成 β 多样性。NMDS 显示与 CZ01—CZ03 样品相比，碘含量较高的 CZ04 和 CZ05 样品在微生物群落组成和功能潜力上存在明显差异。

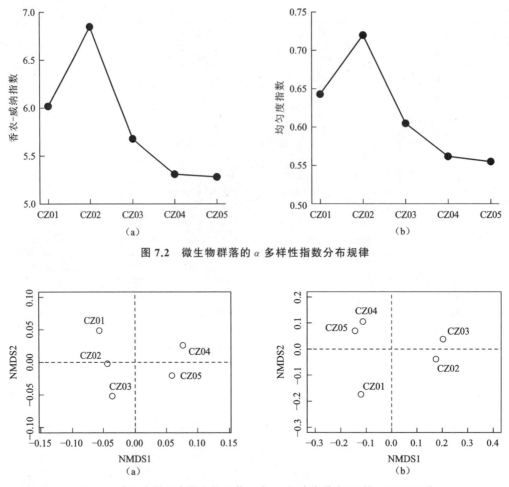

图7.2 微生物群落的α多样性指数分布规律

图7.3 地下水样品中微生物群落组成(a)和功能潜力(b)的 NMDS 图谱

4. 微生物群落物种组成及结构特征

通过物种注释获得各样品微生物群落在门、纲、目、科、属和种上的组成比例,选取了属水平上平均丰度大于 0.1% 微生物群落物种组成绘制热图,并计算了物种丰度与 I^- 和总碘浓度的斯皮尔曼相关性系数(图 7.4)。Kraken2 的 clean reads 分类结果显示,所有样品的微生物群落均以 Proteobacteria(82.1%~90.6%)为主,其余主要由 Actinobacteria(3.0%~5.1%)、Desulfobacterota(0.9%~2.5%)、Desulfobacterota(0~5.7%)和 Bacteroidota(0.6%~2.1%)组成。在属水平上,大部分隶属于 Gammaproteobacteria 的 GCA-002282575(12.3%)、Hydrogenophaga(6.8%)和 Alphaproteobacteria 的 *Novosphingobium*(6.8%)、*Blastomonas*(6.7%),而在高浓度碘的地下水样品 CZ04 和 CZ05 中以 GCA-002282575(29.59%~31.06%)为主要菌属。在

中、低浓度碘的地下水样品 CZ01—CZ03 在各微生物丰度分布更为均匀,其中占比显著高于高浓度碘地下水中的菌属有 *Novosphingobium*、*Hydrogenophaga*、*Blastomonas* 属。GCA-002282575、PFJX01、*Serpentinomonas*、*Roseinatronobacter*、*Trichormus* 的丰度与 I^- 和总碘浓度呈正相关。而 *Limnobacter*、*Aquabacterium*、*Acidovorax*、*Blastomonas*、*Phenylobacterium* 的丰度与 I^- 和总碘浓度呈显著负相关。

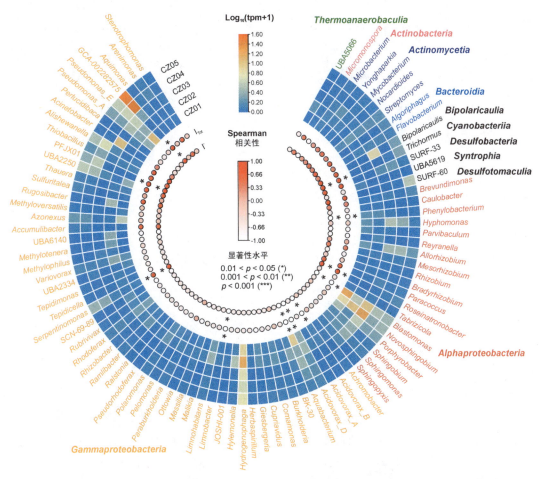

图 7.4 属水平上平均丰度>0.1%的微生物群落组成热图及其与 I^- 和总碘浓度的斯皮尔曼相关性

5. CZ04 和 CZ05 中的优势种 GCA-002282575、PFJX01 的功能预测分析

在 CZ04 和 CZ05 中发现的高丰度的 GCA-002282575 sp002281095,PFJX01 sp002281555 属于 Thiomicrospirales,有研究表明在深海和沿海缺氧区微生物群落中存在 Thiomicrospirales,并参与氮和硫的循环,通过 GTDB 进行物种注释,分析其功能潜能(图 7.5)发现,GCA-002282575 sp002281095(GenBank 检索号:GCA_002281095.1)和 PFJX01 sp002281555(GenBank 检索号:GCA_002281555.1)在基因组中涉及硫化物

氧化、硫代硫酸盐氧化、DNRA 和反硝化、还原磷酸戊糖循环的关键基因。

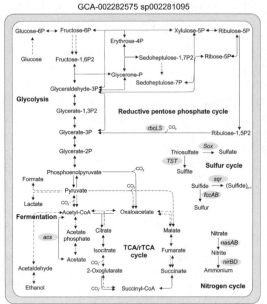
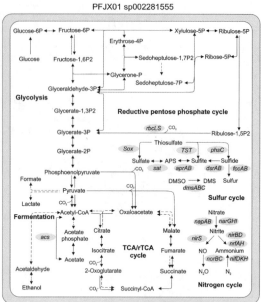

图 7.5　GCA-002282575 sp002281095 和 PFJX01 sp002281555 基因组中碳、氮、硫、铁和碘的代谢途径

注：实线和虚线分别表示相应功能基因的存在和缺失。

6. 微生物群落的功能潜能分析

利用 KEGG 同源数据库分别对碳、氮、硫元素循环过程的功能基因进行注释；FeGenie 和 idrA-hmm 图谱对涉及铁和碘代谢过程的一些关键功能基因进行了注释，发现高、低碘浓度的地下水样品微生物代谢潜力差异显著（图 7.6）。所有样品的微生物群落都涉及醋酸发酵（acs）、异化硝酸盐还原为铵（DNRA、narGHI 和 nirBD）、硫化物氧化（sqr 和 fccAB）和硫代硫酸盐氧化（SoxXAYZBCD）代谢途径，同时在所有样品中也检测到一些与有机碘脱卤酶（dhaA、dehA 和 EC 3.8.1.2）、异化硫酸盐还原（sat/met3、aprAB、dsrAB）、氨化（ureABC 和 cynS）和反硝化（nirK、nirS、norBC 和 nosZ）相关的关键基因。在高碘浓度的地下水样品 CZ04 和 CZ05 中还发现了 idrA、mtrABC、dmsAB、nifHDK、ldh、pflD 和 rbcLS 丰度的显著增加，这可能意味着碘酸盐还原、铁还原和二甲亚砜还原、固氮、乳酸和甲酸盐发酵以及固碳作用显著。

淀粉酶和异淀粉酶的丰度与 I^- 和总碘的浓度呈正相关，高水平的 acs、acdA、pta 和 ack 表明，地下水样品中可能普遍存在有机碳降解和醋酸发酵。衍生的醋酸盐可以作为碘酸盐还原的碳源和电子供体，这两种已知的碘酸盐还原菌 Pseudomonas sp. strain SCT 和 Denitromonas sp. IR-12 证明碘酸盐还原与醋酸氧化偶联（Lee et al.,

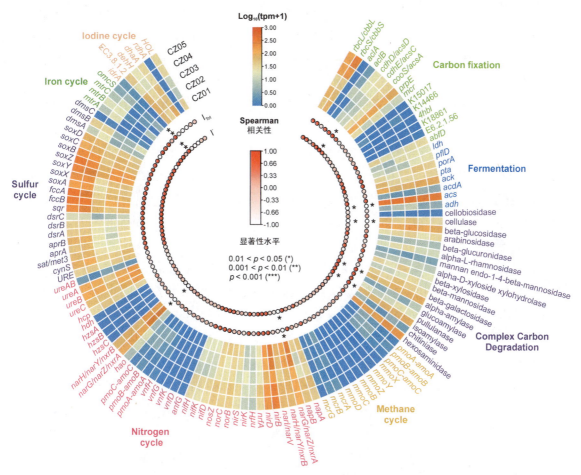

图 7.6 涉及碳、氮、硫、铁和碘循环代谢途径功能基因的热图
及其与碘浓度和总碘浓度的斯皮尔曼相关性

2018；Reyes-Umana et al.，2022）。值得注意的是，$idrA$ 的丰度与 I^- 和总碘的浓度呈正相关，这意味着异化碘酸盐还原菌可以将铁矿物吸附或将从含水层中吸收的 IO_3^- 或溶解的 IO_3^- 还原。由于 I^- 在矿物表面的吸附性比 IO_3^- 弱，IO_3^- 的减少增强了碘的流动性，促进了高碘化物地下水的富集。鉴于全球地下水宏基因组中假定的 $idrA$ 基因，我们的研究结果表明，与富含碘的海洋环境类似，异化碘酸盐还原细菌可能在原生高碘地下水中 I^- 的生产中发挥关键作用。

此外，还原性脱卤酶（$rdhA$）的缺失意味着有机卤化物呼吸细菌能够从卤化有机化合物中释放出卤化物，如脱硫杆菌、脱盐杆菌和脱卤球菌等在高碘地下水中并不丰富（Hug et al.，2013；Oba et al.，2014）。然而，所有样品中 2-卤酸脱卤酶基因（EC 3.8.1.2）、卤乙酸脱卤酶基因（$dehH$）和卤烷脱卤酶基因（$dhaA$）的鉴定表明，有机物降解过程中可能会发生有机结合碘的其他微生物脱碘，并有助于地下水 I^- 的产生（Ang et al.，2018）。

与 idrA 相似,在碘含量相对较高的 CZ04 和 CZ05 样品中,mtrABC 和 omcS 的丰度显著升高,表明铁还原可能有助于碘的动员。我们之前对华北平原的钻孔沉积物的连续提取和 XRD 结果表明,铁氧化物是沉积物中碘的主要富集场所,IO_3^- 和 I_{org} 与铁氧化物结合,此外,在这些沉积物中添加 Shewanella oneidensis MR-1 可以促进亚铁和碘释放到水相中。以上结果都说明铁氧化物的还原溶解是还原性含水层体系中碘富集的关键过程。

我们发现沧州地下水中 narG 丰度与 I^- 和总碘含量呈显著负相关,进一步证明硝酸盐还原酶可能与 IO_3^- 的还原无关,这在 Shewanella oneidensis MR-1 中得到了证实(Mok et al.,2018)。鉴于碘酸盐还原和硝酸盐还原的高氧化还原电位(IO_3^-/I^-,pH=7.0 时,Eh=0.67 V;NO_3^-/NO_2^-,pH=7.0 时,Eh=0.42 V),不能排除存在一些新的硝酸盐还原细菌。

dsrA 的系统发育树进一步显示,所有样本均含有还原型 dsrA 和氧化型 dsrA 基因。地下水样品中氧化型和还原型 dsrA 基因的丰度柱状图(图 7.7)表明,在高浓度碘的地下水样品 CZ04、CZ05 中,氧化型 dsrA 基因的丰度远高于还原型 dsrA 基因的丰度,且氧化型 dsrA 基因与所有 dsrA 基因的比值跟碘浓度和总碘浓度呈显著正相关,表明硫氧化细菌可能在沧州地下水的碘动员中起关键作用。值得注意的是,sox、facAB、sqr、aprAB、氧化型和还原型 dsrAB 的丰度都很高,结合样品 CZ04、CZ05 中可检测到的硫化物浓度(表 7.2),说明在碘浓度相对高的地下水样品中存在一个活跃的硫循环。在地下水样品中观察到的随碘浓度的升高而越丰富的 $\delta^{34}S_{SO_4}$ 且其与 I^- 和 $I_{总}$ 的浓度显著正相关(图 7.8),证明了地下水系统中存在硫酸盐还原作用,产生的硫化物能够通过化学还原 IO_3^- 促进 I^- 的释放。

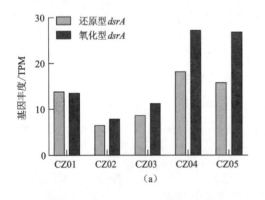
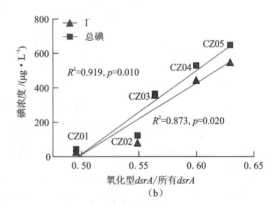

图 7.7 地下水样品中氧化型和还原型 dsrA 基因的丰度(a)及氧化型 dsrA/所有 dsrA 与 I^- 和总碘浓度的相关性(b)

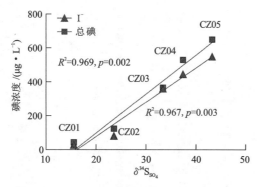

图 7.8 $\delta^{34}S_{SO_4}$ 与 I^- 和总碘的浓度相关性分析

四、宏基因组组装基因组分析

1. MAGs 的系统发育分析

使用 MetaWRAP(v1.2.1)流程提取 MAGs,以完整度＞70％、污染度＜5％为标准筛选中高质量的 MAGs,最终从宏基因组数据集中得到 144 个中高质量的 MAGs,完整度为 70.56％～100％,污染度为 0～4.75％,GC 含量为 32.7％～71.6％,基因组大小为 0.57～7.96 Mbp。通过 GTDB-TK 进行分类,结果显示细菌有 143 种,还有 1 种古菌(Lainarchaeota)。与 kraken2 分类相似,细菌 MAGs 也隶属于变形菌门(Proteobacteria 59.7％)、脱硫杆菌门(Desulfobacterota 8.3％)、拟杆菌门(Bacteroidota 7.6％)、放线菌门(Actinobacteriota 2.1％)、双极菌门(Bipolaricaulota 2.1％)。在科水平上,CZ01—CZ03 中的 MAGs 多属于伯克霍氏菌科(Burkholderiaceae)和鞘氨醇单胞菌科(Sphingomonadaceae),而 CZ04—CZ05 中的 MAGs 多来自硫杆菌科(Thiobacillaceae)和硫微螺旋体科(Thiomicrospiraceae)。

2. MAGs 的代谢潜能分析

MAGs 的代谢潜能(图 7.9)主要为硫化物氧化($sqr/fccB$ 61.8％)、硫代硫酸盐氧化(sox 23.4％)、DNRA($narGH/napAB$ 25.7％、$nirBD/nrfAH$ 34.7％)反硝化($nirK/nirS$ 11.8％、$norBC$ 9.0％、$nosZ$ 11.8％)、固氮($nifHDK$ 11.0％)、异化硫还原(还原性 $drsAB$ 9.0％)和氧化(氧化性 $dsrAB$ 3.4％)。大多数 MAGs 具有不完全的糖酵解和 TCA 循环途径,15.5％的 MAGs 具有完整的磷酸还原戊糖循环碳固定途径。此外,这些 MAGs 还可以发酵醋酸(28.1％)、乳酸(10.4％)和甲酸(2.1％),并使用

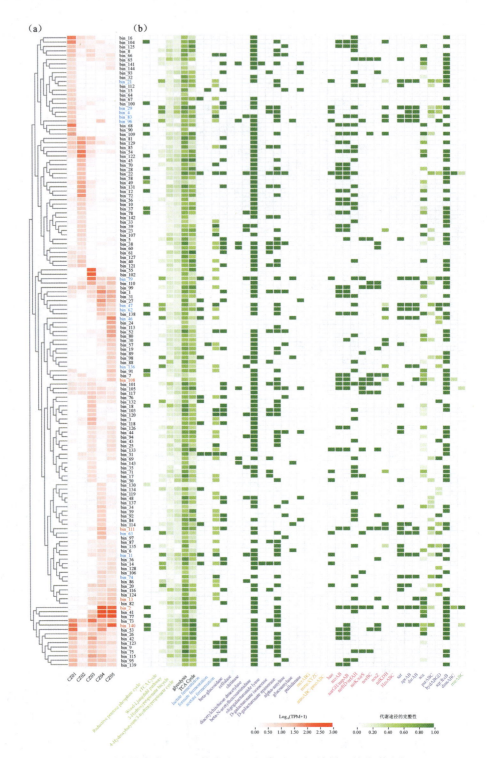

图 7.9 所有样本中 MAGs 的丰度(a)和碳、氮、硫、铁循环的代谢途径(b)

注:其中蓝色和红色字体的 MAGs 分别表示氧化型 MAGs 和还原型 MAGs,经 $dsrA$ 基因的系统发育证实。预测的功能基因丰度以 0 到 1 的比例表示,表示通路或功能在基因组中具有完整性的比例。

β-N-乙酰氨基己糖酶(79.9%)、D-半乳糖醛酸外异构酶(47.2%)、β-葡萄糖苷酶(29.9%)和 α-淀粉酶(10%)降解复合碳。

25.7%~34.7%的 MAGs 中含有 *narGH*/*napAB* 和 *nirBD*/*nrfAH*,这与上述的微生物功能潜能分析相一致,表明沧州地下水普遍存在异化硝酸盐还原细菌,可能是 DNRA 的强大活性导致了地下水样品中亚硝酸盐和硝酸盐含量的极低水平。铁还原(*mtrABC*)和二甲基亚砜还原(*dmsABC*)在 MAGs 中零星出现,而在碘含量较高的 CZ04、CZ05 样品中,铁还原 bin_2 的丰度显著升高,进一步说明铁还原可能有助于碘的动员。在本研究中,除了铁还原基因和 MAGs,在碘含量相对较高的地下水宏基因组的分类结果中我们发现了典型的异化铁还原菌,如希瓦氏菌(*Shewanella*)和地杆菌(*Geobacter*),因此,它们不仅可以通过氧化铁的还原溶解促进碘的释放,还可以直接通过 DMSO 还原酶(DmsEFAB)和衍生的亚铁对碘进行生物和非生物还原。值得注意的是来自硫杆菌科和硫微螺旋体科的硫氧化 MAGs,如 bin_2、bin_41 和 bin_77,在碘含量较高的地下水样品 CZ04、CZ05 中富集。另外硫还原 MAGs 占所有 MAGs 的 9%,主要隶属于脱硫菌科。这些硫还原微生物可以利用衍生的硫化物直接还原 IO_3^-,或通过非生物铁氧化物还原间接促进被吸收的碘的释放(Flynn et al.,2014)。然而我们从地下水宏基因组分箱中没有提取到异化碘酸盐还原 MAG,这可能是由于与其他碳、氮和硫代谢基因相比,*idrA* 的丰度相对较低。

Thiobacillaceae 和 Thiomicrospiraceae 的硫氧化 MAGs,如 bin_2、bin_41、bin_77,在碘含量较高的样品 CZ04、CZ05 中富集。对 bin_2、bin_41 进行功能代谢分析(图 7.10)。硫氧化的 bin_41 和 bin_2 的功能潜能与微生物群落优势种(硫微螺旋体科的 GCA-002282575 和硫杆菌科的 PFJX01)一致,两者都具有硫化物和硫代硫酸盐氧化以及 DNRA 的能力。此外,在碘含量较高的 CZ04、CZ05 样品中,硫杆菌科的优势 bin_2 也含有 *mtrABC* 和 *rhcLS*,这意味着硫氧化可能与硝酸盐或铁的还原相结合,通过还原磷酸戊糖途径固定无机碳。

将 CZ05 中的 *idrABP1P2* 克隆到 DH5α 和碘酸盐还原基因敲除株 Δ*dmsEFAB* 中进行异源表达,结果表明:含有 *idrABP1P2* 表达载体的 DH5α 和 Δ*dmsEFAB* 与空载菌株相比,在没有细胞对照的情况下没有观察到 IO_3^- 的还原,野生型大肠杆菌 DH5α 和碘酸盐还原缺陷突变体 Δ*dmsEFAB* 在孵育 120 h 后显示部分碘酸盐还原的能力(32%~46%)。这与之前研究中的观察结果一致。在这些菌株中添加空载体并没有改善碘酸盐的降低。并且与空载体相比,在 DH5α 和 Δ*dmsEFAB* 中添加 CZ05 样品中推测的碘酸盐还原基因簇 *idrABP1P2* 后,它们的碘酸盐还原能力分别显著提高到 37% 和 54%。此外,DH5α 野生型和突变体的碘酸盐还原程度相对低于 Δ*dmsEFAB* 菌株和突变体[图 7.11(a)],这可能是由于希瓦氏菌中有更丰富的 c 型细胞色素和有效的电子转移到 *idrABP1P2*。从 120 h I^- 生成量的柱状图[图 7.11(b)]可以看出碘酸盐含量

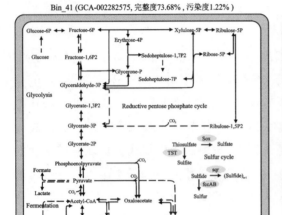

图 7.10 bin_41 和 bin_2 基因组中碳、氮、硫和铁的代谢途径

注：实线和虚线分别表示相应功能基因的存在和缺失。

的降低在化学计量学上与检测到的碘化物的量相平衡，实验组与对照组之间存在统计学意义上的差异，表明在大肠杆菌 DH5α、希瓦氏菌 $\Delta dmsEFAB$ 突变株中异源表达 $idrABP1P2$ 促进了 IO_3^- 的还原。

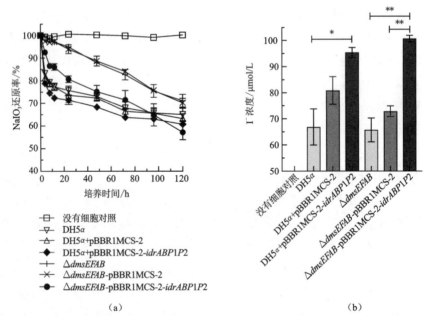

图 7.11 在大肠杆菌 DH5α 和希瓦氏菌 $\Delta dmsEFAB$ 中克隆的 CZ05 样品中 $idrABP1P2$ 基因簇的碘酸钠还原率（a）和培养 120 h 后产生的 I^- 浓度（b）

注：显著性水平为 $0.01 < p < 0.05$（*），$0.001 < p < 0.01$（**）。

将 CZ04 中的 *idrABP*1*P*2 克隆到 DH5α 和碘酸盐还原基因敲除株 Δ*dmsEFAB* 中进行异源表达（图 7.12），结果表明野生型大肠杆菌 DH5α、空载菌株 DH5α-pBBR1MCS-2 都能还原 $NaIO_3$，到 120 h 还原了添加 IO_3^- 的 36% 左右，DH5α-pBBR1MCS-2-*idrABP*1*P*2 还原了添加的 IO_3^- 的 39% 左右；另一组 Δ*dmsEFAB*、空载菌株 Δ*dmsEFAB*-pBBR1MCS-2 也能还原 $NaIO_3$，到 120 h 还原了添加的 IO_3^- 的 30% 左右，但 Δ*dmsEFAB*-pBBR1MCS-2-*idrABP*1*P*2 还原了 43%[图 7.12(a)]，DH5α 野生型和突变体的碘酸盐还原程度相对低于 MR-1 Δ*dmsEFAB* 菌株和突变体；从 120 h I^- 生成量的柱状图[图 7.12(b)]可以看出，碘酸盐含量的降低在化学计量学与检测到的碘化物的量基本相平衡。实验组与对照组之间存在显著性差异，表明在希瓦氏菌 Δ*dmsEFAB* 突变株中异源表达 *idrABP*1*P*2 蛋白促进了 IO_3^- 的还原。以上结果均表明异化碘酸盐还原菌在原生高碘地下水 I^- 的形成中发挥关键作用。

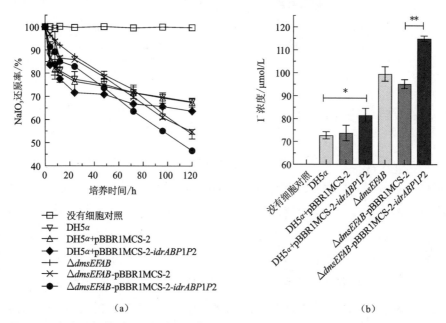

图 7.12 在大肠杆菌 DH5α 和希瓦氏菌 Δ*dmsEFAB* 中克隆的 CZ04 样品中 *idrABP*1*P*2 基因簇的碘酸钠还原率(a)和培养 120 h 后产生的 I^- 浓度(b)

注：显著性水平为 $0.01 < p < 0.05$（*），$0.001 < p < 0.01$（**）。

基于以上和前人的研究成果，我们提出华北平原沧州高碘地下水中 I^- 富集的成因模型（图 7.13）：①在弱碱性地下水环境中，碳酸根的竞争吸附会将铁矿物上的 IO_3^- 和 I^- 解吸释放到地下水中；②溶解态或矿物结合态的 IO_3^- 可以被异化碘酸盐还原菌直接还原为 I^-；③铁还原菌和硫酸盐还原菌不仅可以通过铁矿物的还原溶解促进碘的释放，还可以通过产生的亚铁和硫化物促进 IO_3^- 的非生物还原，而硫氧化菌则可以通过硫化物的氧化溶解或铁矿物还原耦合硫氧化来释放被吸附的 IO_3^-；④有机结合的碘可以通过脱卤作用释放 I^-。

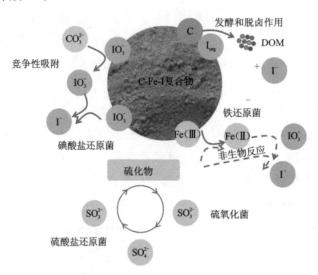

图 7.13　华北平原沧州地下水中 I^- 的富集模型

六、本章小结

本章以华北平原沧州地区具有碘浓度梯度的深层地下水为研究对象,分析了地球化学分布特征,利用宏基因组学技术和异化碘酸盐还原基因簇 $idrABP1P2$ 克隆表达,研究高碘地下水中微生物群落的物种组成和功能潜能,分析地下水系统中碘形态转化的微生物过程,揭示高碘地下水形成过程中 I^- 富集的微生物成因机制,具体结论如下。

(1) 深层地下水处于一种弱碱性还原环境,沿着地下水流向,CZ01—CZ05 样品碘浓度逐渐增加,且 I^- 是主要的赋存形态。随着碘浓度的增加,地下水中的 $\delta^{34}S_{SO_4}$ 值逐渐升高,且 $\delta^{34}S_{SO_4}$ 和 CO_3^{2-} 的含量与 I^- 和总碘的浓度呈显著正相关,并在 CZ03—CZ05 中检测到硫化物以及一定浓度的 CO_3^{2-},表明在弱碱性地下水环境中,CO_3^- 能与 I^- 竞争吸附位点,将铁矿物上的 IO_3^- 和 I^- 解吸释放到地下水中,并且硫酸盐还原活动可能促进 I^- 的富集。

(2) 宏基因组测序 reads 的物种注释结果显示,高浓度碘的地下水样品的微生物群落组成与低浓度碘的地下水样品相比存在显著差异,且 GCA-002282575、PFJX01、*Serpentinomonas*、*Roseinatronobacter*、*Trichormus* 等属的丰度与地下水中 I^- 和总碘浓度呈显著正相关。GTDB 数据库中对 GCA-002282575 和 PFJX01 属的典型种的基因组功能注释显示它们均涉及硫化物和硫代硫酸盐氧化等,表明高浓度碘的地下水样品可能存在硫氧化过程。

(3) 宏基因组测序的功能基因注释结果显示高、低碘浓度的地下水样品微生物代谢潜力差异显著。在较高浓度碘的地下水样品 CZ04、CZ05 中，$idrA$、$mtrABC$、$dmsAB$、$nifHDK$、Idh、$pflD$ 和 $rbcLS$ 基因丰度显著增加，且 $idrA$ 的丰度与 I^- 和总碘的浓度呈显著正相关，这说明高浓度碘的地下水中可能存在异化碘酸盐还原菌，可以将 IO_3^- 直接还原成 I^-。$mtrABC$ 基因丰度的增加表明铁还原可能有助于地下水中 I^- 的富集。CZ04、CZ05 样品还含有较高丰度的硫代硫酸盐氧化基因 $SoxXAYZBCD$、硫氧化型基因 $dsrAB$ 和硫酸盐还原型基因 $dsrAB$，以及较高的硫化物浓度和 $\delta^{34}S_{SO_4}$ 值，表明高碘地下水中可能存在一个活跃的硫循环，且 $\delta^{34}S_{SO_4}$ 的值与 I^- 和总碘的浓度显著正相关，证明了地下水系统中存在硫酸盐还原作用，硫酸盐产生的硫化物能够化学还原 IO_3^- 促进 I^- 的释放。宏基因组组装基因组 MAGs 的代谢潜能分析发现，CZ04、CZ05 具有较高丰度的铁还原功能、硫还原功能和硫氧化功能的 MAGs，进一步支持了高碘地下水存在微生物的铁还原过程、硫氧化过程和硫还原过程。此外所有样品中 2-卤酸脱卤酶基因（EC 3.8.1.2）、卤乙酸脱卤酶基因（$dehH$）和卤烷脱卤酶基因（$dhaA$）的鉴定表明，有机物降解过程中可能会发生有机结合碘的其他微生物脱碘，并有助于地下水中 I^- 的产生。

(4) 原生高碘地下水样品 CZ04、CZ05 中的碘酸盐还原酶基因 $idrABP1P2$ 的异源表达实验证实了含有 $idrABP1P2$ 异化碘酸盐还原菌在高碘地下水系统中，可以将溶解态或矿物结合态的 IO_3^- 还原为迁移能力更强的 I^-，从而促进高碘地下水中 I^- 的富集。

第八章

全国高碘地下水分布预测

地下水占中国水资源总量的三分之一。在全国600多个城市中,有400多个(61%)城市的饮用水依赖地下水,特别是在中国北方,近70%的人口饮用地下水。随着近年来中国经济和社会的快速发展,地下水资源的开发和利用量几乎翻了一番。然而,全国的地下水利用面临着前所未有的挑战,包括水资源短缺和地下水质量退化。全国各地都存在着地下水质量退化的问题,这是由多种自然(地质)有害元素造成的,其中碘是最重要的元素之一(Wang et al.,2020)。

碘是维持甲状腺正常工作所必需的微量元素,主要通过摄取(即水和食物)获得。成年人每天推荐的碘摄入量水平为150 μg。碘不足可导致碘缺乏症,这可以通过在中国普及食盐来缓解。相反,过量的碘摄入会导致碘过量失调,包括甲状腺肿大、克汀病、甲状腺自身免疫,甚至甲状腺癌。中国被认为是受碘污染最严重的国家之一。到目前为止,已有12个省(自治区),包括河北、山西、陕西、新疆、广东等地的地下水碘含量高,估计有3100万人容易摄入过量碘(Shen et al.,2007)。为了确定可能含有高碘地下水的地区并减少其影响,研究人员应用了地质统计学方法,如空间内插法以确定高碘地下水的空间分布。然而,这些方法过于依赖精确的实地数据,通常是做不到的或这些数据是稀缺的。因此,有必要开发新的技术来准确预测高碘地下水可能存在的位置。

近年来,机器学习(machine learning,ML)技术已被用于解决水科学领域的各种问题。原则上,ML技术主要关注模型输入和输出之间的关系,而不是过程背后的机制(Shen,2018;Chen et al.,2020)。无论是否具有该研究系统的先验知识,通过学习大量的数据,ML技术都可以准确地捕获变量之间高度复杂的非线性关系。因此,各种ML技术已经成功地用于预测地下水受砷、氟和其他污染物污染的位置,这些方法包括人工神经网络(artificial neural network,ANN)、随机森林、支持向量机和极限学习机(Podgorski et al,2020;Tan et al.,2020;Cao et al.,2021)。例如,Podgorski等(2020)开发了一种随机森林模型,根据环境参数(如气候、土壤物理和化学特性)预测全球地下水砷污染,该模型对测试数据集的预测准确率为 83.4%。尽管 ML 模型在地源性污染地下水领域具有重要的潜力,但缺乏评估这种模型在碘预测中应用的相关研究。因此,使用常见且容易获得的环境变量作为输入数据,确定 ML 方法是否可以有效地用于预测高碘地区,是非常有必要的。

众多的 ML 技术中,ANN 由于优越的泛化能力和快速的建模速度而受到重视。与其他 ML 技术一样,ANN 模型是输入—输出转换,可以在不了解过程背后机制的情况下进行结构化,因此支持简单实用的模型开发。对于大量的数据和变量之间高度复杂的非线性关系,人工神经网络显示出优秀的建模能力。因此,考虑到研究数据体量大、维数高、非线性强等特点,我们选用 ANN 模型对高碘地下水分布进行预测。

基于一个高分辨率的数据集我们开发了一种新的 ANN 模型来预测地源性碘污染的地下水,包括易获得的环境参数。根据预测结果,制作了高分辨率(1 km)全国高碘地下水预测图。这张预测图可以用来确定不同地区碘富集程度,可为区域地下水资源的合理利用及高碘地下水的防控修复提供基础理论依据。更重要的是,这项研究能确定与地下水中碘的自然积累有关的关键环境参数,并估计了可能暴露于高碘地下水中的人口数量。

一、技术方法

1. 数据收集与准备

从文献和公共数据集中收集了包含中国地理坐标和相关浓度的 4600 多个碘数据点,数据报道及采集时间为 1995—2020 年,其中 41.3% 地下水碘浓度大于 100 $\mu g/L$,58.7% 的小于或等于 100 $\mu g/L$。

基于已知或假设的与地下水中碘的释放和富集有关的水文地球化学因子,模型因子选择了包括气候、地形、地质和土壤特性在内的 22 个环境参数作为统计模型的预测变量。由于分辨率、数据格式和预测方面的差异,这些指标被转换为 1 km 空间分辨率的栅格格式,以保持各指标之间的一致性。

在建模之前,数据点被分配为 1 km² 的像素,当多个数据点对应于一个像素时使用几何平均值。每个指标变量的值直接分配给处理的数据点,然后删除重复和缺失的数据。最终的数据集包含 3185 个数据点,其中碘浓度大于 100 $\mu g/L$ 的样点有 1461 个(45.9%),小于或等于 100 $\mu g/L$ 的有 1724 个(54.1%)。处理后的数据分布与初始数据基本一致,高碘和低碘比例相对均匀,因此不需要进一步的数据平衡。

对世界土壤资源参比基础(2006)进行独热编码,对所有其他预测因子进行极值正规化。将碘浓度转化为二进制形式：高碘($I > 100~\mu g/L$)点设为1(也称为"事件")，低碘($I \leqslant 100~\mu g/L$)点设为0(非事件)。使用ArcGIS(ERSI版本10.3)完成所有预测变量提取和数据处理步骤。

2. 模型开发与评估

人工神经网络是一种自适应系统，它通过在类似人类大脑的分层结构中使用相互连接的节点或神经元来学习。一般来说，神经网络有几个节点层，包括一个输入层、一个或多个隐藏层和一个输出层。所有节点或神经元通过不同权重的神经相互连接。输入层中的每个神经元值乘以其相应的权重，将所有加权输入相加，并通过线性或非线性变换(即激活函数)传递给隐藏层中的神经元。新的输出成为下一个神经元的输入，这些值以同样的方式传递给下一个神经元，直到它们到达输出层。根据损失函数对预测值与观测值之间的误差进行评估后，采用学习算法对权值进行更新，以提高预测精度，直到模型满足性能指标为止。

将评价模型的准确性、灵敏度、特异性、接受者操作特征曲线下面积(area uder the curve, AUC)和科恩的卡帕系数应用在测试集上，以确定模型的性能。计算准确性、灵敏度、特异性和科恩的卡帕系数的公式分别如下：

$$准确性 = \frac{TE + TN}{TS}$$

$$灵敏度 = \frac{TE}{TE + FN}$$

$$特异性 = \frac{TN}{TN + FE}$$

$$k = \frac{P_0 - P_e}{1 - P_0}$$

式中，TE、TN、FE、FN和TS分别为真事件数、真非事件数、假事件数和假非事件数以及样本总数；P_0和P_e分别为模型之间的相对观测一致性和假设机会一致概率。准确性是描述模型性能最直观的指标，但它不能识别、区分事件和非事件，而选择性(特异性)可以识别模型的事件(非事件)。AUC与选择性和特异性相关，从而以一个综合的指标把模型的性能分级；值越接近1，模型就越精确。在这项研究中，科恩的卡帕系数代表预测和观察结果之间的一致性水平。$k = 0$表示预测和观测之间不存在一致性，而$k = 1$表示预测和观测之间完全一致，不是偶然造成的。模型的不确定性也被认为是一个评估指标。除了模型固有的不合适之外，输入样本的不确定性是预测不确定性的主要来源；可以通过收集更具代表性的和非重复样本来减轻不确定性。当可用的相关样本数量相对较少时，可以采用自举法(一种重采样方法)来估计模型的不确定性。自举法是基于大数定律,尽管小数据集可以用来估计样本被重复考虑时的总体分布。在这项研究中,计算 n 个模型(通常 $n=100$)预测值的标准差可得到一个基于自举法模型不确定性的度量。

在本章研究中,前馈神经网络由 1 个隐层和 10 个神经元组成,经过多次尝试后作为模型使用。归一化指数函数作为激活函数,对输入进行归一化,得到预测输出类的概率分布。为了防止过拟合,还采用了验证停止(最大验证失败=100),并使用交叉熵作为损失函数。建模数据集随机分为训练集(80%)、验证集(10%)和测试集(10%)。所有建模均使用 MATLAB 进行。

3. 指标的重要性

为了更好地了解碘在地下水系统中的积累情况,在建模和预测之后,识别和解释重要的环境指标是至关重要的。为了解释环境变量的重要性,目前已经发展了许多解释模型,其中最常见的是排列重要性模型。排列重要性模型是在最终模型的基础上,通过比较模型对给定变量随机打乱前后在测试数据集上的预测误差,来量化指标的重要性。预测误差使用下式计算:

$$\mathrm{PI}_i = \frac{E_i^{\mathrm{perm}}}{E_i^{\mathrm{orig}}}$$

式中:E_i^{orig} 和 E_i^{perm} 分别为第 i 个变量随机打乱前后模型的预测误差;PI_i 为第 i 个变量的排列重要度值。PI 值越高,模型对打乱过程就越敏感,对预测就越重要。

值得注意的是,上述排列重要性模型仅确定关键指标,并没有考虑每个指标是如何与高碘浓度的产生相关联的,例如具有正向或负向趋势。因此,我们采用"bin"法进一步评估各指标与碘浓度超过 100 μg/L 概率之间的关系。这种方法已被广泛用于评估给定预测变量与目标变量之间的关系。在这项研究中,首先将预测的数值从小到大排列,然后把它们放在 12 个箱子里,每个箱子包含相同数量的数值。然后计算每个箱子中碘浓度超过 100 μg/L 的概率。

4. 可能受影响的人口估计

基于人工神经网络创建的预测图,我们对饮用水中可能暴露于高浓度碘的人群进行了评估。人口数据来自 2021 年的第七次全国人口普查公报。近年来,由于经济的快速发展,城市地区的自来水普及率已接近 100%,因此只考虑农村地区的高碘人口。根据国家卫生健康委员会公布的数据,农村地区饮用未经处理地下水的人口比例接近 0.7。因此,使用下式计算潜在受影响的人口。

$$\mathrm{Pop}_{\mathrm{affect}} = \mathrm{Pop}_{\mathrm{density}} \times \mathrm{GW} \times \mathrm{Prob}_{\mathrm{I}>100}$$

式中：$Pop_{density}$（人/平方公里）为人口密度；GW 为使用地下水作为饮用水的人口比例；$Prob_{I>100}$ 为碘浓度超过 100 μg/L 的概率，概率截止值为 0.5。

二、结果与讨论

1. 预测结果

基于数据条目，本章建立了基于人工神经网络的全国地下水碘预测模型，研究使用灵敏度、特异度、总精度、AUC 和科恩的卡帕系数评价模型性能。训练数据集和测试数据集的准确率分别为 92.2% 和 90.9%（图 8.1），表明该模型没有明显的过拟合，具有较强的泛化能力。模型的选择性、特异性和 AUC 分别为 90.6%、91.2% 和 0.972，表明该模型对高碘和低碘地区均无偏倚，具有较好的预测能力。科恩的卡帕系数（0.857）也强调了模型预测结果与实际碘水平之间的良好一致性，这不是偶然的。

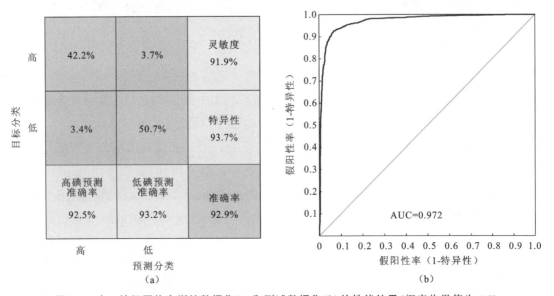

图 8.1 人工神经网络在训练数据集（a）和测试数据集（b）的性能结果（概率临界值为 0.5）

基于人工神经网络模型，我们绘制全国高碘地下水概率预测图。高危地区（此处定义为高碘概率超过 0.5）占全国的 19.8%，主要集中在河南、陕西、山西等中部省份，河南、山东、河北等东部省份，辽宁、吉林、黑龙江等东北省份（Xue et al.，2019；Duan et al.，2016；Li et al.，2013；Tang et al.，2013）。目前已知的高碘地区包括华北平原、河套平原、渭河平原、大同盆地、太原平原和新疆盆地，所有这些地区都被人工神经网络模型捕获（图 8.2）。其他已确定的高碘地区，如辽河平原、江汉平原等，也得到了以往报道的验证,这些地区没有训练数据,因此预测图是确定地源性碘污染地下水地区的有用工具。

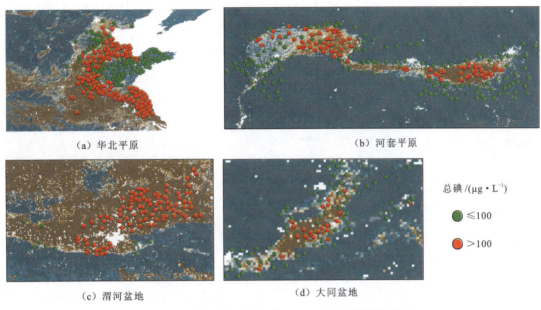

图 8.2 地下水碘浓度超过 100 μg/L 的概率预测图

标准差是平均值的二次函数,说明预测值越接近 0.5,标准差越大,预测概率的不确定性越高。较高(82%)的高概率值(0.9~1)和低概率值(0~0.1)意味着该模型在预测高碘水平和低碘水平时都具有很高的确定性。高确定性区域(0~0.1)覆盖了 44.7% 的土地面积,主要分布在我国的南部、北部和西部(如青藏高原、华北平原等)。高不确定度区域(0.4~0.5)仅占 3.7%,分布在我国中部和北部的大部分地区(如江汉平原、成都平原、松嫩平原、长江三角洲)。这些结果归因于这些地区可获得的数据较少,也进一步强调了更多的水样检测至关重要。

2. 主控环境因子

通过计算人工神经网络模型中每个预测变量的 PI 值来评估其重要性。最终,确定了 PI 值大于 1 的 12 个预测变量,表明它们都对预测结果具有一定的贡献(图 8.3)。排名最高的预测变量包括气候因素[如降水量、实际蒸散发量(AET)、潜在蒸散发量(PET)和 Priestley-Taylor alpha]和土壤理化性质(如土壤排水量和水体 pH 值),这些也在以前的区域尺度模型中得到了确定(Fuge et al.,2015;Jia et al.,2018)。其次是与地形或土壤物理性质有关的地形湿度指数、冲积沉积、容重、土壤含水率和粗砾组成。

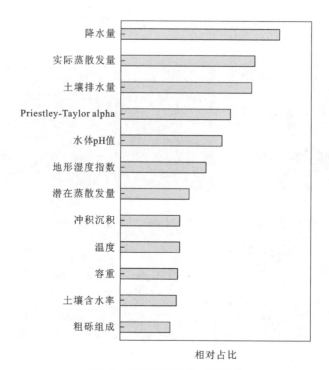

图 8.3 预测变量的相对重要性

为了更好地了解预测变量与高碘之间的关系,我们研究了重要预测变量与碘浓度超过 100 μg/L 概率之间的统计相关性。气候条件,包括降水、温度、PET、AET 和 Priestley-Taylor alpha,表现出类似的非线性趋势。具体而言,碘浓度超过 100 μg/L 的概率在达到峰值后先增加后减少(图 8.4),表明可能存在一组有利于地下水碘富集的最佳条件。气候对地下水的影响主要归因于降水对地下水补给速率和地下水流量的影响。在降水量高的地区,如湿润的热带地区,由于稀释效应,地下水中的碘浓度通常较低。相比之下,在干旱或半干旱地区,降水有限导致补给不足,从而使碘难以从土壤或沉积物中释放到地下水中。一般来说,强烈的蒸发作用有利于碘的富集。然而,极端蒸发可能会增加 Fe(Ⅱ)以铁(氧)氢氧化物的形式沉淀,从而降低地下水中的碘浓度。

土壤质地指标,包括土壤排水量(高值=排水量越差),土壤水分容量(高值=较低的土壤水分容量)和容重,正向预测高碘概率。土壤容重高,排水差,持水量高,通常含有大量的黏土和/或淤泥。这些条件可以创造一个化学还原环境,有利于地下水碘的迁移和富集(Keppler et al.,2003;Biester et al.,2004)。相比之下,容重低、排水良好和持水量低的土壤往往含有大量碘含量低的沙子,因此,只有少量的碘可以从土壤中释放出来,导致地下水中的碘含量低。冲积土也正向预测高碘概率,冲积土区域高碘概率(61%)远高于非冲积土区域(20%)。冲积土通常出现在地势平坦的地区,这些地区可能经历周期性的地表水洪水或地下水上涨(如河流泛滥平原、河流三角洲和沿海低地)。这些现象可能导致相对较低的水流量,有利于碘的富集。此外,正如预期的那样,土壤

pH值正向预测高碘概率。由于OH^-的竞争性吸附(如某些黏土矿物和氢氧化铁),较高的pH值有利于碘从含碘矿物中解吸,从而增加了地下水中的碘浓度。

3. 暴露人口

受影响人口最多的地区一般集中在河南、江苏、山东、河北、上海和安徽等东部经济较发达地区,由于人口密度高,其对清洁水的需求量也在增加(表8.1)。基于此,这些地区的水质改善和较少碘的暴露风险应该被优先考虑。其他值得注意的风险地区包括西北部省(区)陕西、新疆、内蒙古和山西,那里的水资源短缺、替代水源有限,迫使人们过

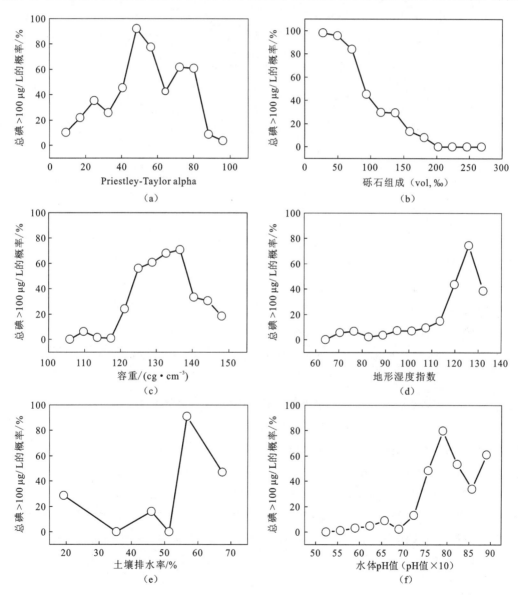

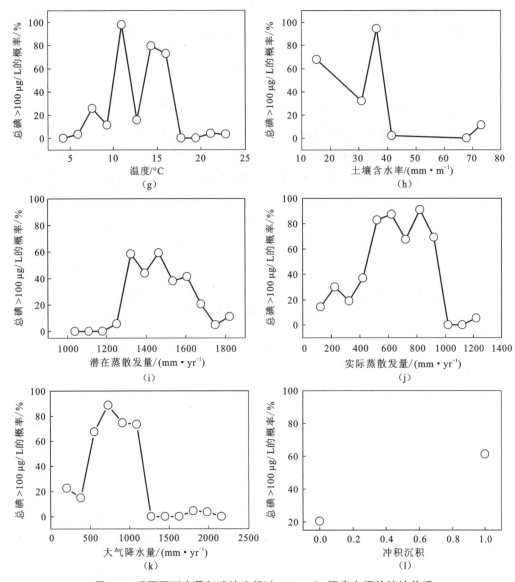

图 8.4 重要预测变量与碘浓度超过 100 μg/L 概率之间的统计关系

度依赖地下水,因此,这些地区也迫切需要改善水质。表 8.1 列出了各省(区、市)潜在暴露在高危地区的人口数量和比例。推测可能接触高碘地下水(即超过 100 μg/L)的总人口约为 3000 万(30 249 055),这与先前的报告一致(Shen et al.,2007)。这种人口估计数据可以通过更详细的人口数据和关于使用各种水源的人口组成信息得到进一步改进。此外,不同地区人群的营养状况可以揭示碘易感性方面的关键差异,因此,这方面应是今后工作的重点。

表 8.1 各省市暴露于高碘地下水受影响的人口数量

省（区、市）	暴露人口数量	占比
河南（HA）	7 108 528	23.5%
江苏（JS）	6 896 784	22.8%
山东（SD）	4 507 109	14.9%
安徽（AH）	3 176 151	10.5%
上海（SH）	2 5076 47	8.29%
河北（HE）	1 001 244	3.31%
湖北（HB）	998 219	3.30%
天津（TJ）	862 098	2.85%
辽宁（LN）	574 732	1.90%
陕西（SN）	477 935	1.58%
吉林（JL）	390 213	1.29%
北京（BJ）	254 092	0.84%
山西（SX）	241 992	0.80%
四川（SC）	211 743	0.70%
黑龙江（HL）	154 270	0.51%
台湾（TW）	133 096	0.44%
广东（GD）	114 946	0.38%
云南（YN）	102 847	0.34%
江西（JX）	96 797	0.32%
重庆（CQ）	90 747	0.30%
湖南（HN）	81 672	0.27%
甘肃（GS）	72 598	0.24%
浙江（ZJ）	66 548	0.22%
宁夏（NX）	45 374	0.15%
内蒙古（IM）	33 274	0.11%
广西（GX）	24 199	0.08%
贵州（GZ）	12 100	0.04%
新疆（XJ）	3025	0.01%
福建（FJ）	3025	0.01%
青海（QH）	3025	0.01%

表 8.1（续）

省（区、市）	暴露人口数量	占比
海南（HI）	3025	0.01%
西藏（XZ）	0	0
香港（HK）	0	0
澳门（MO）	0	0
总计	30 249 055	100%

三、本章小结

在本研究中，我们建立了一个人工神经网络模型来预测地源性碘污染地下水的分布。总体而言，人工神经网络模型具有较好的预测能力。基于预测结果，识别我国高碘地下水潜在分布区，并估算全国范围内暴露于高碘地下水的人口数量，为全国范围高碘地下水的防控提供科学的理论依据。通过重要性和相关性分析，发现气候和土壤性质是影响地下水系统碘富集的关键因素，可用于预测地下水高碘污染风险。

值得注意的是，虽然气候和土壤参数具有良好的预测能力，但引入更多的变量（如水化学参数）可以进一步提高模型的预测精度，从而更好地阐明地下水系统中碘富集的机制。对于预测的潜在高碘地下水分布区，水质检测仍然是必要的。随着全国对地下水需求的不断增长，本章研究所提供的全国高碘地下水预测结果对水资源的合理开发利用具有非常大的实际意义。

主要参考文献

全国国土资源标准化技术委员,2017.地下水质量标准:GB/T 14848—2017[S].北京:中国标准出版社.

王焰新,郭华明,阎世龙,等,2004.浅层孔隙地下水系统环境演化及污染敏感性研究[M].北京:科学出版社.

张二勇,张福存,钱永,等,2010.中国典型地区高碘地下水分布特征及启示[J].中国地质,37(3):797-802.

中华人民共和国国家卫生和计划生育委员会,2016.水源性高碘地区和高碘病区的划定:GB/T 19380—2016[S].北京:中国标准出版社.

ALLARD S, GUNTEN U, SAHLI E, et al., 2009. Oxidation of Iodide and Iodine on Birnessite (δ-MnO_2) in the pH Range 4-8[J]. Water Research, 43(14):3417-3426.

ALLARD S, NOTTLE CE, CHAN A, et al., 2013. Ozonation of Iodide-Containing Waters: Selective Oxidation of Iodide to Iodate with Simultaneous Minimization of Bromate and I-THMs[J]. Water Research 47(6):1953-1960.

ÁLVAREZ F, REICH M, PÉREZ-FODICH A, et al., 2015. Sources, Sinks and Long-Term Cycling of Iodine in the Hyperarid Atacama Continental Margin [J]. Geochimica et Cosmochimica Acta,161:50-70.

AMACHI S,2008.Microbial Contribution to Global Iodine Cycling: Volatilization, Accumulation, Reduction, Oxidation, and Sorption of Iodine[J]. Microbes and Environments, 23(4): 269-276.

AMACHI S, KAWAGUCHI N, MURAMATSU Y, et al., 2007a. Dissimilatory Iodate Reduction by Marine *Pseudomonas* sp. Strain SCT[J]. Applied and Environmental Microbiology, 73 (18):5725-5730.

AMACHI S, KIMURA K, MURAMATSU Y, et al., 2007b. Hydrogen Peroxide-Dependent Uptake of Iodine by Marine Flavobactefiaceae Bacterium Strain C-21[J]. Applied and

Environmental Microbiology,73(23):7536-7541.

AMACHI S,MISHIMA Y,SHINOYAMA H,et al.,2005a.Active Transport and Accumulation of Iodide by Newly Isolated Marine Bacteria[J].Applied and Environmental Microbiology,71(2):741-745.

AMACHI S,MURAMATSU T,AKIYAMA Y,et al.,2005b.Isolation of Iodide-Oxidizing Bacteria from Iodide-Rich Natural Gas Brines and Seawaters[J].Microbical Ecology,49(4):547-557.

AMACHI S,MURAMATSU Y,SHINOYAMA H,et al.,2005c.Application of Autoradiography and a Radiotracer Method for the Isolation of Iodine-Accumulating Bacteria[J].Journal of Radioanalytical and Nuclear Chemistry,266(2):229-234.

AMSTAETTER K,BORCH T,KAPPLER A,2012.Influence of Humic Acid Imposed Changes of Ferrihydrite Aggregation on Microbial Fe(Ⅲ) Reduction[J].Geochimica et Cosmochimica Acta,85:326-341.

AMUNDSON R,BARNES JD,EWING S,et al.,2012.The Stable Isotope Composition of Halite and Sulfate of Hyperarid Soils and Its Relation to Aqueous Transport[J].Geochimica et Cosmochimica Acta,99:271-286.

ANDERSEN S,PETERSEN S B,LAURBERG P,2002.Iodine in Drinking Water in Denmark is Bound in Humic Substances[J].European Journal of Endocrinology,147(5):663-670.

ANG T-F, MAIANGWA J, SALLEH A B, et al., 2018. Dehalogenases: From Improved Performance to Potential Microbial Dehalogenation Applications[J].Molecules,23(5):1100.

ARAKAWA Y,AKIYAMA Y,FURUKAWA H,et al.,2012.Growth Stimulation of Iodide-Oxidizing α-Proteobacteria in Iodide-Rich Environments[J]. Microbial Ecology, 63(3):522-531.

BIESTE H,KEPPLER F,PUTSCHEW A,et al.,2004.Halogen Retention,Organohalogens,and the Role of Organic Matter Decomposition on Halogen Enrichment in Two Chilean Peat Bogs[J].Environmental Science & Technology,38(7):1984-1991.

BONIFACIE M, MONNIN C, JENDRZEJEWSKI N, et al., 2007. Chlorine Stable Isotopic Composition of Basement Fluids of the Eastern Flank of the Juan de Fuca Ridge (ODP Leg 168)[J].Earth and Planetary Science Letters,260(1-2):10-22.

BORCH T,KRETZSCHMAR R,KAPPLER A,et al.,2010.Biogeochemical Redox Processes and Their Impact on Contaminant Dynamics[J].Environmental Science & Technology,44(1):15-23.

BOWLEY H E,YOUNG S D,ANDER E L,et al.,2016.Iodine Binding to Humic Acid[J].Chemosphere,157:208-214.

BYRNE J M,KLUEGLEIN N,PEARCE C,et al.,2015.Redox Cycling of Fe(Ⅱ) and Fe(Ⅲ) in

Magnetite by Fe-Metabolizing Bacteria[J].Science,347(6229):1473-1476.

CAO H L,XIE X J,WANG Y X,et al.,2021.The Interactive Natural Drivers of Gobal Geogenic Arsenic Contamination of Groundwater[J].Journal of Hydrology,597:126214.

CARTWRIGHT I,WEAVER TR,FIFIELD LK,2006.Cl/Br Ratios and Environmental Isotopes as Indicators of Recharge Variability and Groundwater Flow: An Example from the Southeast Murray Basin,Australia[J].Chemical Geology,231(1-2):38-56.

CHALK P M, INÁCIO C T, URQUIAGA S, et al., 2015.^{13}C Isotopic Fractionation during Biodegradation of Agricultural Wastes[J].Isotopes in Environmental and Health Studies,51(2):201-213.

CHEN M,PRICE RM,YAMASHITA Y,et al.,2010.Comparative Study of Dissolved Organic Matter from Groundwater and Surface Water in the Florida Coastal Everglades Using Multi-Dimensional Spectrofluorometry Combined with Multivariate Statistics[J]. Applied Geochemistry,25(6):872-880.

CHEN Y Y, SONG L H, LIU Y Q, et al., 2020. A Review of the Artificial Neural Network Models for Water Quality Prediction[J].Applied Sciences,10(17):5776.

CORY R M,MCKNIGHT D M,2005.Fluorescence Spectroscopy Reveals Ubiquitous Presence of Oxidized and Reduced Quinones in Dissolved Organic Matter[J].Environmental Science & Technology,39(21):8142-8149.

COUNCELL T B,LANDA E R,LOVLEY D R,1997.Microbial Reduction of Iodate[J].Water Air and Soil Pollution,100(1-2):99-106.

DAHM K G, VAN STRAATEN C M, MUNAKATA-MARR J, et al., 2012. Identifying Well Contamination through the Use of 3-D Fluorescence Spectroscopy to Classify Coalbed Methane Produced Water[J].Environmental Science & Technology,47(1):649-656.

DAI J L, ZHANG M, HU Q H, et al., 2009. Adsorption and Desorption of Iodine by Various Chinese Soils:II.Iodide and Iodate[J].Geoderma,153(1-2):130-135.

DAI J L,ZHANG M,ZHU Y G,2004.Adsorption and Desorption of Iodine by Various Chinese Soils I.Iodate[J].Environment International,30(4):525-530.

DUAN L,WANG W K,SUN Y B,et al.,2016.Iodine in Groundwater of the Guanzhong Basin, China:Sources and Hydrogeochembical Controls on Its Distribution[J].Environmental Earth Sciences,75(11):970.

EASTOE C J,LONG A,LAND L S,et al.,2001.Stable Chlorine Isotopes in Halite and Brine from the Gulf Coast Basin:Brine Genesis and Evolution[J].Chemical Geology,176(1-4):343-360.

EASTOE C J,PERYT T M,PETRYCHENKO O Y,et al.,2007.Stable Chlorine Isotopes in Phanerozoic Evaporites[J].Applied Geochemistry,22(3):575-588.

EGGENKAMP H G M,2014.The Geochemistry of Stable Chlorine and Bromine Isotopes[M]. Heidelberg:Springer.

EGGENKAMP H G M, COLEMAN M L, 2009. The Effect of Aqueous Diffusion on the Fractionation of Chlorine and Bromine Stable Isotopes[M]. Geochimica et Cosmochimica Acta,73(12):3539-3548.

ENGLUND E, ALDAHAN A, HOU X L, et al., 2010. Speciation of Iodine (^{127}I and ^{129}I) in Lake Sediments[J]. Nuclear Instruments and Methods in Physics Research Section B: Beam Interactions with Materials and Atoms,268(7-8):1102-1105.

EUSTERHUES K,WANGER F E, HÄUSLER W, et al., 2008.Characterization of Ferrihydrite-Soil Organic Matter Coprecipitates by X-ray Diffraction and Mössbauer Spectroscopy[J]. Environmental Science & Technology,42(21):7891-7897.

FARRENKOPF A M, LUTHER III, G W, 2002. Iodine Chemistry Reflects Productivity and Denitrification in the Arabian Sea: Evidence for Flux of Dissolved Species from Sediments of Western India into the OMZ[J]. Deep Sea Research Part II: Topical Studies in Oceanography,49(12):2303-2318.

FLYNN T M, O'LOUGHLIN E J, MISHRA B, et al., 2014. Sulfur-mediated Electron Shuttling during Bacterial Iron Reduction[J].Science,344(6187):1039-1042.

FORDYCE F M,2003. Database of the Iodine Content of Food and Diets Populated with Data from Published Literature[R].Nottingham: British Geological Survey.

FOX P M, DAVIS J A, LUTHER III G W, 2009. The Kinetics of Iodide Oxidation by the Manganese Oxide Mineral Birnessite[J]. Geochimica et Cosmochimica Acta, 73(10): 2850-2861.

FRANCOIS R, 1987. The Influences of Humic Substances on the Geochemistry of Iodine in Nearshore and Hemipelagic Marine-Sediments[J]. Geochimica et Cosmochimica Acta, 51 (9):2417-2427.

FROMMER J,VOEGELIN A, DITTMAR J, et al., 2011.Biogeochemical Processes and Arsenic Enrichment Around Rice Roots in Paddy Soil: Results from Micro-Focused X-ray Spectroscopy[J].European Journal of Soil Science,62(2):305-317.

FRONTASYEVA M V,STEINNES E,2004.Marine Gradients of Halogens in Moss Studies by Epithermal Neutron Activation Analysis [J]. Journal of Radioanalytical and Nuclear Chemistry,261(1):101-106.

FU L,LI S W, DING Z W, et al., 2016. Iron Reduction in the DAMO/*Shewanella Oneidensis* MR-1 Coculture System and the Fate of Fe(II)[J].Water Research,88:808-815.

FUGE R, JOHNSON C C, 2015. Iodine and Human Health, the Role of Environmental Geochemistry and Diet,a Review[J].Applied Geochemistry,63:282-302.

FUSE H, INOUE H, MURAKAMI K, et al., 2003. Production of Free and Organic Iodine by Roseovarius spp.[J].Fems Microbiology Letters,229(2):189-194.

GALLARD H, ALLARD S, NICOLAU R, et al., 2009. Formation of Iodinated Organic Compounds by Oxidation of Iodide-Containing Waters with Manganese Dioxide[J]. Environmental Science & Technology,43(18):7003-7009.

GILFEDDER B S,PETRI M,BIESTER H,2009.Iodine Speciation and Cycling in Fresh Waters: A Case Study from a Humic Rich Headwater Lake (Mummelsee)[J].Journal of Limnology, 68(2):396-408.

GREENBERG J P, GUENTHER A B, TURNIPSEED A, 2005. Marine Organic Halide and Isoprene Emissions near Mace Head,Ireland[J].Environmental Chemistry,2(4):291-294.

GRIGORIEV I S, MEILIKHOV E Z, 1997. Handbook of Physical Quantities[M]. Boca Raton: CRC Press.

GUO J, JIANG Y, HU Y, et al., 2022. The Roles of DmsEFAB and MtrCAB in Extracellular Reduction of Iodate by *Shewanella Oneidensis* MR-1 with Lactate as the Sole Electron Donor[J].Environmental Microbiology,24(11):5039-5050.

HALDER J, DECROUY L, VENNEMANN T W, 2013. Mixing of Rhône River Water in Lake Geneva (Switzerland-France) Inferred from Stable Hydrogen and Oxygen Isotope Profiles [J].Journal of Hydrology,477:152-164.

HAMILTON S M, GRASBY S E, MCINTOSH J C, et al., 2015. The Effect of Long-term Regional Pumping on Hydrochemistry and Dissolved Gas Content in an Undeveloped Shale-gas-bearing Aquifer in Southwestern Ontario,Canada[J].Hydrogeology Jorunal,23:719-739.

HAN G,TANG Y,LIU M,et al.,2020.Carbon-Nitrogen Isotope Coupling of Soil Organic Matter in a Karst Region under Land Use Change,Southwest China[J].Agriculture,Ecosystems and Environment,301:107027.

HANSEL C M, BENNER S G, FENDORF S, 2005. Competing Fe(II)-Induced Mineralization Pathways of Ferrihydrite[J].Environmental Science & Technology,39:7147-7153.

HANSEN V,ROOS P,ALDAHAN A,et al.,2011.Partition of Iodine (^{129}I and ^{127}I) Isotopes in Soils and Marine Sediments[J].Journal of Environmental Radioactivity,102(12):1096-1104.

HOLBROOK R D, YEN J H, GRIZZARD T J, 2006. Characterizing Natural Organic Material from the Occoquan Watershed (Northern Virginia, US) Using Fluorescence Spectroscopy and PARAFAC[J].Science of the Total Environment,361(1-3):249-266.

HOROWITZ A,SUFLITA J M,TIEDJE J M,1983.Reductive Dehalogenations of Halobenzoates by Anaerobic Lake Sediment Microorganisms[J].Applied and Environmental Microbiology, 45(5):1459-1465.

HOU X, ALDAHAN A, NIELSEN S P, et al., 2007. Speciation of ^{129}I and I^{127} in Seawater and

Implications for Sources and Transport Pathways in the North Sea[J]. Environmental Science & Technology,41(17):5993-5999.

HOU X,DAHLGAARD H,NIELSEN S P,et al.,2002.Level and Origin of Iodine-129 in the Baltic Sea[J].Journal of Environmental Radioactivity,61:331-343.

HOU X,HANSEN V,ALDAHAN A,et al.,2009.A Review on Speciation of Iodine-129 in the Environmental and Biological Samples[J].Analytica Chimica Acta,632(2):181-196.

HU Q,ZHAO P,MORAN J E,et al.,2005.Sorption and Transport of Iodine Species in Sediments from the Savannah River and Hanford Sites[J]. Journal of Contaminant Hydrology,78(3):185-205.

HU Q H,MORAN J E,GAN J Y,2012.Sorption,Degradation,and Transport of Methyl Iodide and Other Iodine Species in Geologic Media[J].Applied Geochemistry,27(3):774-781.

HUG L A,MAPHOSA F,LEYS D,et al.,2013.Overview of Organohalide-Respiring Bacteria and a Proposal for a Classification System for Reductive Dehalogenases[J]. Philosophical Transactions of the Royal Society B:Biological Sciences,368(1616):20120322.

JIA Y F,XI B D,JIANG Y H,et al.,2018.Distribution,Formation and Human-Induced Evolution of Geogenic Contaminated Groundwater in China:A Review[J]. Science of the Total Environment,643:967-993.

JIN L,OGRINC N,YESAVAGE T,et al.,2014.The CO_2 Consumption Potential during Gray Shale Weathering:Insights from the Evolution of Carbon Isotopes in the Susquehanna Shale Hills Critical Zone Observatory[J].Geochimica et Cosmochimica Acta,142:260-280.

JOHN T,LAYNE GD,HAASE K M,et al.,2010.Chlorine Isotope Evidence for Crustal Recycling into the Earth's Mantle[J]. Earth and Planetary Science Letters,298(1-2):175-182.

JOHN T,SCAMBELLURI M,FRISCHE M,et al.,2011. Dehydration of Subducting Serpentinite:Implications for Halogen Mobility in Subduction Zones and the Deep Halogen Cycle[J].Earth and Planetary Science Letters,308(1-2):65-76.

JOHNSON C C,2003. Database of the Iodine Content of Soils Populated with Data from Published Literature[R].Nottingham: British Geological Survey.

JÖNSSON J,SHERMAN D M,2008.Sorption of As(Ⅲ) and As(Ⅴ) to Siderite,Green Rust (Fougerite) and Magnetite:Implications for Arsenic Release in Anoxic Groundwaters[J]. Chemical Geology,255(1-2):173-181.

KAPLAN D I,DENHAM M E,ZHANG S,et al.,2014. Radioiodine Biogeochemistry and Prevalence in Groundwater[J].Critical Reviews in Environmental Science and Technology, 44(20):2287-2335.

KAPLAN D I,SERNE R J,PARKER K E,et al.,2000.Iodide Sorption to Subsurface Sediments and Illitic Minerals[J].Environmental Science & Technology,34(3):399-405.

KEPPLER F, BIESTER H, PUTSCHEW A, et al., 2003. Organoiodine Formation during Humification in Peatlands[J].Environmental Chemistry Letters,1(4):219-223.

KOCAR B D, HERBEL M J, TUFANO K J, et al., 2006. Contrasting Effects of Dissimilatory Iron(III) and Arsenic(V) Reduction on Arsenic Retention and Transport[J].Environmental Science & Technology,40(21):6715-6721.

KODAMA S, TAKAHASHI Y, OKUMURA K, et al., 2006. Speciation of Iodine in Solid Environmental Samples by Iodine K-Edge XANES: Application to Soils and Ferromanganese Oxides[J].Science of the Total Environment,363(1-3):275-284.

KOHN M J,2010.Carbon Isotope Compositions of Terrestrial C3 Plants as Indicators of (Paleo)-ecology and (Paleo)climate[J].Proceedings of the National Academy of Sciences,107(46): 19691-19695.

KOSTKA J E, LUTHER III G W, 1994. Partitioning and Speciation of Solid Phase Iron in Saltmarsh Sediments[J].Geochimica et Cosmochimica Acta,58(7):1701-1710.

KROOSS B M, LEYTHAEUSER D, SCHAEFER R G, 1992. The Quantification of Diffusive Hydrocarbon Losses through Cap Rocks of Natural-Gas Reservoirs-A Reevaluation[J]. AAPG Bulletin,76(3):403-406.

KRULL E S, RETALLACK G J, 2000. δ^{13}C Depth Profiles from Paleosols across the Permian-Triassic Boundary: Evidence for Methane Release[J].Geological Society of America Bulletin, 112(9):1459-1472.

LAURBERG P, ANDERSEN S, PEDERSEN I B, et al., 2003. Humic Substances in Drinking Water and the Epidemiology of Thyroid Disease[J].Biofactors,19(3-4):145-153.

LEE B D, ELLIS J T, DODWELL A, et al., 2018. Iodate and Nitrate Transformation by Agrobacterium/Rhizobium related Strain DVZ35 Isolated from Contaminated Hanford Groundwater[J].Journal of Hazardous Materials,350:19-26.

LEE B, MOSER E, BROOKS S, et al., 2020. Microbial Contribution to Iodine Speciation in Hanford's Central Plateau Groundwater: Iodide Oxidation[J]. Frontiers in Environmental Science,7:145.

LI H P, YEAGER C M, BRINKMEYER R, et al., 2012. Bacterial Production of Organic Acids Enhances H_2O_2-Dependent Iodide Oxidation[J].Environmental Science & Technology, 46 (9):4837-4844.

LI J, WANG Y, GUO W, et al., 2014. Iodine Mobilization in Groundwater System at Datong Basin,China: Evidence from Hydrochemistry and Fluorescence Characteristics[J].Science of the Total Environment,468-469:738-745.

LI J,WANG Y,XUE X,et al.,2020.Mechanistic Insights into Iodine Enrichment in Groundwater during the Transformation of Iron Minerals in Aquifer Sediments[J]. Science of the Total Environment, 745:140922.

LI J, ZHOU H, QIAN K, et al., 2017. Fluoride and Iodine Enrichment in Groundwater of North China Plain: Evidences from Speciation Analysis and Geochemical Modeling[J]. Science of the Total Environment, 598:239-248.

LI J X, WANG Y X, XIE X J, et al., 2013. Hydrogeochemistry of High Iodine Groundwater: A Case Study at the Datong Basin, Northern China[J]. Environmental Science: Processes & Impacts, 15(4):848-859.

LI X, ZHOU A, GAN Y, et al., 2011. Controls on the $\delta^{34}S$ and $\delta^{18}O$ of Dissolved Sulfate in the Quaternary Aquifers of the North China Plain[J]. Journal of Hydrology, 400(3-4):312-322.

LIN J, DAI L, WANG Y, et al., 2012. Quaternary Marine Transgressions in Eastern China[J]. Journal of Palaeogeography, 1(2):105-125.

LIU Y, YAMANAKA T, 2012. Tracing Groundwater Recharge Sources in a Mountain-Plain Transitional Area Using Stable Isotopes and Hydrochemistry[J]. Journal of Hydrology, 464-465:116-126.

LOVLEY D R, PHILLIPS E J P, 1986. Organic Matter Mineraliation with Reduction of Ferric Iron in Anaerobic Sediments[J]. Applied and Environmental Microbiology, 51(4):683-689.

LU J, ALGEO T J, ZHUANG G, et al., 2020. The Early Pliocene Global Expansion of C_4 Grasslands: A New Organic Carbon-Isotopic Dataset from the North China Plain[J]. Palaeogeography, Palaeoclimatology, Palaeoecology, 538:109454.

MAGENHEIM A J, SPIVACK A J, MICHAEL P J, et al., 1995. Chlorine Stable Isotope Composition of the Oceanic Crust: Implications for Earth's Distribution of Chlorine[J]. Earth and Planetary Science Letters, 131(3-4):427-432.

MELTON E D, SWANNER E D, BEHRENS S, et al., 2014. The Interplay of Microbially Mediated and Abiotic Reactions in the Biogeochemical Fe Cycle[J]. Nature Reviews Microbiology, 12:797-808.

MOK J K, TOPOREK Y J, SHIN H D, et al., 2018. Iodate Reduction by *Shewanella Oneidensis* Does Not Involve Nitrate Reductase[J]. Geomicrobiology Journal, 35(7):1-10.

MURAMATSU Y, WEDEPOHL K H, 1998. The Distribution of Iodine in the Earth's Crust[J]. Chemical Geology, 147(3-4):201-216.

MURPHY K R, BUTLER K D, SPENCER R G M, et al., 2010. Measurement of Dissolved Organic Matter Fluorescence in Aquatic Environments: An Interlaboratory Comparison[J]. Environmental Science & Technology, 44(24):9405-9412.

MURPHY K R, 2011. A Note on Determining the Extent of the Water Raman Peak in Fluorescence Spectroscopy[J]. Applied Spectroscopy, 65(2):233-236.

NAGATA T, FUKUSHI K, 2010. Prediction of Iodate Adsorption and Surface Speciation on Oxides by Surface Complexation Modeling[J]. Geochimica et Cosmochimica Acta, 74(21): 6000-6013.

NAGATA T, FUKUSHI K, TAKAHASHI Y, 2009. Prediction of Iodide Adsorption on Oxides by Surface Complexation Modeling with Spectroscopic Confirmation[J]. Journal of Colloid and Interface Science, 332(2): 309-316.

OBA Y, FUTAGAMI T, AMACHI S, 2014. Enrichment of a Microbial Consortium Capable of Reductive Deiodination of 2,4,6-triiodophenol[J]. Journal of Bioscience and Bioengineering, 117(3): 310-317.

OTOSAKA S, SCHWEHR K A, KAPLAND I, et al., 2011. Factors Controlling Mobility of ^{127}I and ^{129}I Species in an Acidic Groundwater Plume at the Savannah River Site[J]. Science of the Total Environment, 409(19): 3857-3865.

PEARCE E N, ANDERSSON M, ZIMMERMANN M B, 2013. Global Iodine Nutrition: Where Do We Stand in 2013?[J]. Thyroid, 23(5): 523-528.

PENG T R, WANG C H, HUANG C C, et al., 2010. Stable Isotopic Characteristic of Taiwan's Precipitation: A Case Study of Western Pacific Monsoon Region[J]. Earth and Planetary Science Letters, 289(3-4): 357-366.

PODGORSKI J, BERG M, 2020. Global Threat of Arsenic in Groundwater[J]. Science, 368(6493): 845-850.

PODGORSKI J E, LABHASETWAR P, SAHA D, et al., 2018. Prediction Modeling and Mapping of Groundwater Fluoride Contamination throughout India[J]. Environmental Science & Technology, 52(17): 9889-9898.

RÄDLINGER G, HEUMANN K G, 2000. Transformation of Iodide in Natural and Wastewater Systems by Fixation on Humic Substances[J]. Environmental Science & Technology, 34(18): 3932-3936.

RAO Z, GUO W, CAO J, et al., 2017. Relationship between the Stable Carbon Isotopic Composition of Modern Plants and Surface Soils and Climate: A global Review[J]. Earth-Science Reviews, 165: 110-119.

RAVEL B, NEWVILLE M, 2005. ATHENA, ARTEMIS, HEPHAESTUS: Data Analysis for X-ray Absorption Spectroscopy Using IFEFFIT[J]. Journal of Synchrotron Radiation, 12: 537-541.

REYES-UMANA V, HENNING Z, LEE K, et al., 2022. Genetic and Phylogenetic Analysis of Dissimilatory Iodate-Reducing Bacteria Identifies Potential Niches across the World's Oceans[J]. The ISME Journal, 16(1): 38-49.

RICHARD A, BANKS D A, MERCADIER J, et al., 2011. An Evaporated Seawater Origin for the

Ore-Forming Brines in Unconformity-Related Uranium Deposits (Athabasca Basin, Canada): Cl/Br and δ^{37}Cl Analysis of Fluid Inclusions[J]. Geochimica et Cosmochimica Acta,75(10):2792-2810.

RIVETT M O, BUSS S R, MORGAN P, et al., 2008. Nitrate Attenuation in Groundwater: A Review of Biogeochemical Controlling Processes[J]. Water Research,42(16):4215-4232.

SANTSCHI P H, SCHWEHR K A, 2004. $^{129}I/^{127}I$ as a New Environmental Tracer or Geochronometer for Biogeochemical or Hydrodynamic Processes in the Hydrosphere and Geosphere: The Central Role of Organo-Iodine[J]. Science of the Total Environment,321(1-3):257-271.

SCHAUBLE E A, ROSSMAN G R, TAYLOR, JR H P, 2003. Theoretical Estimates of Equilibrium Chlorine-Isotope Fractionations[J]. Geochimica et Cosmochimica Acta,67(17):3267-3281.

SCHIAVO M A, HAUSER S, POVINEC P P, 2009. Stable Isotopes of Water as a Tool to Study Groundwater-Seawater Interactions in Coastal South-Eastern Sicily[J]. Journal of Hydrology,364(1-2):40-49.

SCHLEGEL M L, REILLER P, MERCIER-BION F, et al., 2006. Molecular Environment of Iodine in Naturally Iodinated Humic Substances: Insight from X-Ray Absorption Spectroscopy[J]. Geochimica et Cosmochimica Acta,70(22):5536-5551.

SCHWEHR K A, SANTSCHI P H, 2003. Sensitive Determination of Iodine Species, Including Organo-iodine, for Freshwater and Seawater Samples Using High Performance Liquid Chromatography and Spectrophotometric Detection[J]. Analytica Chimica Acta,482(1):59-71.

SCHWEHR K A, SANTSCHI P H, KAPLAN D I, et al., 2009. Organo-Iodine Formation in Soils and Aquifer Sediments at Ambient Concentrations[J]. Environmental Science & Technology 43(19):7258-7264.

SEABAUGH J L, DONG H L, KUKKADAPU R K, et al., 2006. Microbial Reduction of Fe(Ⅲ) in the Fithian and Muloorina Illites: Contrasting Extents and Rates of Bioreduction[J]. Clays and Clay Minerals,54(1):67-79.

SEKI M, OIKAWA J, TAICHI T, et al., 2013. Laccase-Catalyzed Oxidation of Iodide and Formation of Organically Bound Iodine in Soils[J]. Environmental Science & Technology,47(1):390-397.

SHEN C P, 2018. A Transdisciplinary Review of Deep Learning Research and Its Relevance for Water Resources Scientists[J]. Water Resources Research,54(11):8558-8593.

SHEN H-M, ZHANG S-B, LIU S-J, et al., 2007. Study on the Geographic Distribution of National High Water Iodine Areas and the Contours of Water Iodine in High Iodine Areas[J]. Chinese

Journal of Endemics,26(6):658-661.

SHETAYA W H, YOUNG S D, WATTS M J, et al., 2012. Iodine Dynamics in Soils[J]. Geochimica et Cosmochimica Acta,77:457-473.

SHIMAMOTO Y S, ITAI T, TAKAHASHI Y, 2010. Soil Column Experiments for Iodate and Iodide Using K-edge XANES and HPLC-ICP-MS[J]. Journal of Geochemical Exploration, 107(2):117-123.

SHIMAMOTO Y S, TAKAHASHI Y, 2008. Superiority of K-edge XANES over L_{III}-edge XANES in the Speciation of Iodine in Natural Soils[J]. Analytical Sciences,24(3):405-409.

SHIMAMOTO Y S, TAKAHASHI Y, TERADA Y, 2011. Formation of Organic Iodine Supplied as Iodide in a Soil-Water System in Chiba, Japan[J]. Environmental Science & Technology, 45(6):2086-2092.

SHIN H-D, TOPOREK Y, MOK J K, et al., 2022. Iodate Reduction by *Shewanella Oneidensis* Requires Genes Encoding an Extracellular Dimethylsulfoxide Reductase[J]. Frontiers in Microbiology,13:852942.

SINGH S, D'SA E J, SWENSON E M, 2010. Chromophoric Dissolved Organic Matter (CDOM) Variability in Barataria Basin Using Excitation-Emission Matrix (EEM) Fluorescence and Parallel Factor Analysis (PARAFAC)[J]. Science of the Total Environment, 408(16): 3211-3222.

SMEDLEY P L, NICOLLI H B, MACDONALD D M J, et al., 2002. Hydrogeochemistry of Arsenic and Other Inorganic Constituents in Groundwaters from La Pampa, Argentina[J]. Applied Geochemisty,17(3):259-284.

STEDMON C A, BRO R, 2008. Characterizing Dissolved Organic Matter Fluorescence with Parallel Factor Analysis: A Tutorial[J]. Limnology and Oceanography: Methods,6:572-579.

STEDMON C A, MARKAGER S, 2005. Resolving the Variability in Dissolved Organic Matter Fluorescence in a Temperate Estuary and Its Catchment Using PARAFAC Analysis[J]. Limnology and Oceanography,50(2):686-697.

STEDMON C A, MARKAGER S, BRO R, 2003. Tracing Dissolved Organic Matter in aquatic Environments Using a New Approach to Fluorescence Spectroscopy[M]. Marine Chemistry 82(3-4): 239-254.

STEINBERG S M, BUCK B, MORTON J, et al., 2008a. The Speciation of Iodine in the Salt Impacted Black Butte Soil Series along the Virgin River, Nevada, USA[J]. Applied Geochemistry,23(12):3589-3596.

STEINBERG S M, SCHMETT G T, KIMBLE G, et al., 2008b. Immobilization of Fission Iodine by Reaction with Insoluble Natural Organic Matter[J]. Journal of Radioanalytical and Nuclear Chemistry,277(1):175-183.

STEWART M A, SPIVACK A J, 2004. The Stable-Chlorine Isotope Compositions of Natural and Anthropogenic Materials[J]. Reviews in Mineralogy & Geochemistry, 55(1): 231-254.

STICHLER W, MALOSZEWSKI P, BERTLEFF B, et al., 2008. Use of Environmental Isotopes to Define the Capture Zone of a Drinking Water Supply Situated near a Dredge Lake[J]. Journal of Hydrology, 362(3-4): 220-233.

STOLZE L, ZHANG D, GUO H, et al., 2019. Model-Based Interpretation of Groundwater Arsenic Mobility during in Situ Reductive Transformation of Ferrihydrite[J]. Environmental Science & Technology, 53(12): 6845-6854.

STOTLER R L, FRAPE S K, SHOUAKAR-STASH O, 2010. An Isotopic Survey of δ^{81}Br and δ^{37}Cl of Dissolved Halides in the Canadian and Fennoscandian Shields[J]. Chemical Geology, 274(1-2): 38-55.

TAN Z, YANG Q, ZHENG Y, 2020. Machine Learning Models of Groundwater Arsenic Spatial Distribution in Bangladesh: Influence of Holocene Sediment Depositional History[J]. Environmental Science & Technology, 54(15): 9454-9463.

TANG Q, XU Q, ZHANG F, et al., 2013. Geochemistry of Iodine-rich Groundwater in the Taiyuan Basin of Central Shanxi Province, North China[J]. Journal of Geochemical Exploration, 135: 117-123.

TOGO Y S, TAKAHASHI Y, AMANO Y, et al., 2016. Age and Speciation of Iodine in Groundwater and Mudstones of the Horonobe Area, Hokkaido, Japan: Implications for the Origin and Migration of Iodine during Basin Evolution[J]. Geochimica et Cosmochimica Acta (191): 165-186.

TRUESDALE V W, NAUSCH G, BAKER A, 2001. The Distribution of Iodine in the Baltic Sea during Summer[J]. Marine Chemistry, 74(2-3): 87-98.

TSUNOGAI S, 1971. Iodine in the Deep Water of the Ocean[J]. Deep Sea Research and Oceanographic Abstracts, 18(9): 913-919.

TSUNOGAI S, SASE T, 1969. Formation of Iodide-Iodine in the Ocean[J]. Deep Sea Research and Oceanographic Abstracts, 16(5): 489-496.

TUFANO K J, FENDORF S, 2008. Confounding Impacts of Iron Reduction on Arsenic Retention[J]. Environmental Science & Technology, 42(13): 4777-4783.

TWEED S, LEBLANC M, CARTWRIGHT I, et al., 2011. Arid Zone Groundwater Recharge and Salinisation Processes: An Example from the Lake Eyre Basin, Australia[J]. Journal of Hydrology, 408(3-4): 257-275.

U.S. DEPARTMENT OF THE INTERIOR, U.S. GEOLOGICAL SURVEY, 1999. User's Guide to PHREEQC (Version 2)—A Computer Program for speciation, Reaction-Path, One-Dimensional Transport, and Inverse Geochemical Calculations[R]. Denver: U.S. Geological

Survey Earth Science Information Center.

ULLMAN W J, LUTHER Ⅲ G W, DE LANGE G J, et al., 1990. Iodine Chemistry in Deep Anoxic Basins and Overlying Waters of the Mediterranean Sea[J]. Marine Chemistry, 31(1-3):153-170.

VOUTCHKOVA D D, ERNSTSEN V, HANSEN B, et al., 2014a. Assessment of Spatial Variation in Drinking Water Iodine and Its Implications for Dietary Intake: A New Conceptual Model for Denmark[J]. Science of The Total Environment(493):432-444.

VOUTCHKOVA D D, ERNSTSEN V, KRISTIANSEN S M, et al., 2017. Iodine in Major Danish aquifers[J]. Environmental Earth Sciences(76):447.

VOUTCHKOVA D D, KRISTIANSEN S M, HANSEN B, et al., 2014b. Iodine Concentrations in Danish Groundwater: Historical Data Assessment 1933-2011[J]. Environmental Geochemistry and Health, 36(6):1151-1164.

WAITE T J, TRUESDALE V W, 2003. Iodate Reduction by *Isochrysis Galbana* is Relatively Insensitive to De-Activation of Nitrate Reductase Activity—Are Phytoplankton Really Responsible for Iodate Reduction in Seawater? [J]. Marine Chemistry, 81(3-4):137-148.

WAKAI S, ITO K, LINO T, et al., 2014. Corrosion of Iron by Iodide-Oxidizing Bacteria Isolated from Brine in an Iodine Production Facility[J]. Microbical Ecologyl, 68(3):519-527.

WANG S-W, KUO Y-M, KAO Y-H, et al., 2011. Influence of Hydrological and Hydrogeochemical Parameters on Arsenic Variation in Shallow Groundwater of Southwestern Taiwan[J]. Journal of Hydrology, 408(3-4):286-295.

WANG Y, SHVARTSEV S L, SU C, 2009. Genesis of Arsenic/Fluoride-Enriched Soda Water: A case Study at Datong, Northern China[J]. Applied Geochemistry, 24(4):641-649.

WANG Y X, LI J X, MA T, et al., 2020. Genesis of geogenic contaminated groundwater: As, F and I[J]. Critical Reviews in Environmental Science & Technology, 51(24):2895-2933.

WATTS R J, FINN D D, CUTLER L M, et al., 2007. Enhanced Stability of Hydrogen Peroxide in the Presence of Subsurface Solids[J]. Journal of Contaminant Hydrology, 91(3-4):312-326.

WHITEHEAD D C, 1984. The Distribution and Transformations of Iodine in the Environment [J]. Environment International, 10(4):321-339.

WILSON G P, LAMB A L, LENG M J, et al., 2005. Variability of Organic $\delta^{13}C$ and C/N in the Mersey Estuary, U. K. and Its Implications for Sea-Level Reconstruction Studies [J]. Estuarine, Coastal and Shelf Science, 64(4):685-698.

WILSON, G P, 2017. On the Application of Contemporary Bulk Sediment Organic Carbon Isotope and Geochemical Datasets for Holocene Sea-Level Reconstruction in NW Europe[J]. Geochimica et Cosmochimica Acta, 214:191-208.

WONG G T F, 1995. Dissolved Iodine across the Gulf Stream Front and in the South Atlantic

Bight[J].Deep Sea Research Part I:Oceanographic Research Papers,42(11-12):2005-2023.

WONG G T F,1991.The Marine Geochemistry of Iodine[J].Reviews in Aquatic Sciences,4(1):45-73.

WONG G T F,BREWER P G,1977.The Marine Chemistry of Iodine in Anoxic Basins[J].Geochimica et Cosmochimica Acta,41(1):151-159.

WONG G T F,PIUMSOMBOON A U,DUNSTAN W M,2002.The Transformation of Iodate to Iodide in Marine Phytoplankton Cultures[J].Marine EcologyProgress Series,237:27-39.

WYNN J G,2007.Carbon Isotope Fractionation during Decomposition of Organic Matter in Soils and Paleosols:Implications for Paleoecological Interpretations of Paleosols[J].Palaeogeogr,Palaeoclimatol,Palaeoecol,251(3-4):437-448.

WYNN J G,BIRD M I,WONG VNL,2005.Rayleigh Distillation and the Depth Profile of $^{13}C/^{12}C$ Ratios of Soil Organic Carbon from Soils of Disparate Texture in Iron Range National Park,Far North Queensland,Australia[J].Geochimica et Cosmochimica Acta,69(8):1961-1973.

XIAO W,JONES A M,LI X,et al.,2018.Effect of *Shewanella Oneidensis* on the Kinetics of Fe(Ⅱ)-Catalyzed Transformation of Ferrihydrite to Crystalline Iron Oxides[J].Environmental Science & Technology,52(1):114-123.

XIAO Y-K,ZHANG C-G,1992.High Precision Isotopic Measurement of Chlorine by Thermal ionization Mass Spectrometry of the Cs_2Cl^+ Ion [J]. International Journal of Mass Spectrometry and Ion Processes,116(3):183-192.

XIE X,WANG Y,SU C,et al.,2012.Influence of Irrigation Practices on Arsenic Mobilization:Evidence from Isotope Composition and Cl/Br Ratios in Groundwater from Datong Basin,Northern China[J].Journal of Hydrology(424-425):37-47.

XU S Q,XIE Z Q,LIU W,et al.,2010.Extraction and Determination of Total Bromine,Iodine,and Their Species in Atmospheric Aerosol[J].Chinese Journal of Analytical Chemistry,38(2):219-224.

XUE X,XIE X,LI J,et al.,2022.The Mechanism of Iodine Enrichment in Groundwater from the North China Plain:Insight from Two Inland and Coastal Aquifer Sediment Boreholes[J].Environmental Science and Pollution Research,29:49007-49028.

XUE X B,LI J X,XIE X J,et al.,2019.Impacts of Sediment Compaction on Iodine Enrichment in Deep Aquifers of the North China Plain[J].Water Research,159:480-489.

YAMAZAKI C,KASHIWA S,HORIUCHI A,et al.,2020.A Novel Dimethylsulfoxide Reductase Family of Molybdenum Enzyme,Idr,Is Involved in Iodate Respiration by *Pseudomonas* sp. SCT[J].Environmental Microbiology,22(6):2196-2212.

YANG H,LIU W,LI B,et al.,2007.Speciation Analysis for Iodine in Groundwater Using High Performance Liquid Chromatography-Inductively Coupled Plasma-Mass Spectrometry

(HPLC-ICP-MS)[J].Geostandards and Geoanalytical Research,31(4):345-351.

YAO Z,GUO Z,XIAO G,et al.,2012.Sedimentary History of the Western Bohai Coastal Plain since the Late Pliocene:Implications on Tectonic,Climatic and Sea-Level Changes[J].Journal of Asian Earth Sciences(54-55):192-202.

YEAGER C M, AMACHI S, GRANDBOIS R, et al., 2017. Chapter Three-Microbial Transformation of Iodine:From Radioisotopes to Iodine Deficiency[J].Advances in Applied Microbiology,101:83-136.

YOSHIDA S,MURAMATSU Y,UCHIDA S,1992.Studies on the Sorption of I^- (iodide) and IO_3^- (iodate) onto Andosols[J].Water,Air & Soil Pollution,63:321-329.

YU Z S,WARNER J A,DAHLGREN R A,et al.,1996.Reactivity of Iodide in Volcanic Soils and Noncrystalline Soil Constituents[J].Geochimica et Cosmochimica Acta,60(24):4945-4956.

ZHAO D,LIM C P,MIYANAGA K,et al.,2013.Iodine from Bacterial Iodide Oxidization by *Roseovarius* spp. Inhibits the Growth of Other Bacteria[J]. Applied Microbiology and Biotechnology,97(5):2173-2182.